新编21世纪高等职业教育精品教材 · 通识课系列

职业形象与礼仪

ZHIYE XINGXIANG YU LIYI

（第2版）

主　编 ◎ 窦丽荣

副主编 ◎ 李　泓　张笑绮

中国人民大学出版社

· 北京 ·

图书在版编目（CIP）数据

职业形象与礼仪 / 窦丽荣主编．--2 版．-- 北京：
中国人民大学出版社，2023.1
新编 21 世纪高等职业教育精品教材．通识课系列
ISBN 978-7-300-31015-2

Ⅰ.①职… Ⅱ.①窦… Ⅲ.①个人－形象－设计－高等职业教育－教材②礼仪－高等职业教育－教材 Ⅳ.①B834.3 ②K891.26

中国版本图书馆 CIP 数据核字（2022）第 176929 号

新编 21 世纪高等职业教育精品教材·通识课系列
职业形象与礼仪（第 2 版）
主　编　窦丽荣
副主编　李　泓　张笑绮　白　璐
Zhiye Xingxiang yu Liyi

出版发行　中国人民大学出版社
社　　址　北京中关村大街 31 号　　邮政编码　100080
电　　话　010-62511242（总编室）　010－62511770（质管部）
　　　　　010-82501766（邮购部）　010－62514148（门市部）
　　　　　010-62515195（发行公司）　010－62515275（盗版举报）
网　　址　http://www.crup.com.cn
经　　销　新华书店
印　　刷　中煤（北京）印务有限公司
规　　格　787 mm × 1092 mm　1/16　　版　　次　2018 年 6 月第 1 版
　　　　　　　　　　　　　　　　　　　　　　2023 年 1 月第 2 版
印　　张　12　　印　　次　2025 年 3 月第 3 次印刷
字　　数　260 000　　定　　价　35.00 元

PREFACE

前言

近年来，我国旅游业蓬勃发展，国家出台了一系列优惠政策，如免签、退税等，极大地激发了旅游业的活力。旅游业作为国家对外交往的重要窗口，其从业人员的礼仪修养不仅深刻影响着游客的旅行体验，更直接关系到外界对国家形象的认知与评价。在此背景下，旅游服务工作者所展现的职业形象与礼仪素养，已然成为衡量整个行业竞争力不可或缺的关键要素。

本书秉持“以学习者为中心、以学习成效为导向”理念，旨在促进学生自主学习与习惯养成，结合礼仪规范的新变化、国际交往礼仪的新趋势，及时更新教材活页内容。编写内容分为两部分：一是职业形象与礼仪的理论篇，涵盖7个单元、20个模块，涉及形象礼仪、仪态礼仪、见面礼仪等，理论知识以学生“够用”为度，以职业岗位“培养目标”为导向，深入浅出地阐明旅游服务工作中常用的礼仪知识和交往规范；二是配套活页任务训练手册，包含各单元对应的技能实训项目，如任务场景训练、综合测评和21天习惯养成训练等。帮助学习者扎实掌握各单元的关键技能点，做到内化于心、外化于行。

本书具有以下特色：

第一，校企双元，创新活页设计。本教材由资深职业教育专家与行业企业精英共同编写，将企业真实案例、岗位技能需求融入教学内容，采用任务训练的新型活页式设计，理论与实操既平行分立又紧密结合，具有结构化、模块化、灵活重组等特点，能够充分发挥教材在课堂内外、线上线下的混合型持续效能，打破传统教学局限，适应多样化学习需求。方便教师根据实际教学需求进行模块化组合，实现教学内容与企业需求的无缝对接。

第二，强调自主，注重习惯养成。本教材注重引导学生自主学习、自我反思，通过设置丰富的案例分析、情境模拟、实践训练等环节，搭建线上学习平台。借助大数据分析技术，收集分析学生学习行为数据，为每位学生制定个性化学习路径，推送针对性学习内容和练习任务，基础薄弱学生可获更多基础知识巩固材料，学有余力学生则能接触拓展性国际旅游礼仪专题，实现因材施教。结合21天习惯养成线上反馈成效分析，助力学生将理论知识转化为实际行动，逐步养成良好的职业形象与礼仪习惯。

第三，融入思政，提升职业素养。积极响应习近平总书记治国理政思想“三进”号召，各单元设置“育人园地”模块，将治国理政思想与礼仪教育深度融合，内容与案例充分体现社会主义核心价值观、工匠精神等，突出课程思政内涵，挖掘礼仪教育的思政价值，引导学生树立正确的职业价值观，提升职业道德修养，成长为德才兼备的高素质技术技能人才。

第四，资源立体，丰富学习方式。本教材配套开发了丰富的数字化教学资源，包括微课视频、在线测试、互动交流区、案例分享库等；并开创性引入智能模型，增加交互实践与知识拓展环节。依据每单元模块内容提供前沿模型，如豆包、DeepSeek 等，并启发性给出提问范例，学习形象礼仪时，模型可提供逼真的妆容、发型与职业装搭配示例；学习仪态礼仪时，借助 3D 动画精准掌握标准姿势；学习社交礼仪时，通过智能语言模型提供跨文化案例，助力学生进入模拟场景与虚拟国际游客互动，提升实际应对能力。模型以图文、视频形式解答，构建个性化、互动式学习路径，让礼仪学习更高效有趣，为学生提供多元化的学习体验，拓展学习空间，提升学习效率。

这本书具有广泛的适用性，既可作为职业本科、应用型本科及专科院校的高等教育教材，也可作为企事业单位职业形象礼仪培训的指导用书。

本书写作分工如下（按单元顺序）：窦丽荣、夏丛丛、谭莹莹、滕清岭、李泓、张笑绮、王蕾、李志霞、王福礼、李金蔓、白璐、郭兰兰。

在编写过程中，我们参考了大量文献，引用了众多互联网资料及案例，向相关作者致以诚挚感谢！本书的编写与出版得到了中国人民大学出版社、山东舜和酒店集团、日照喜来登国际大酒店以及就职于国内外航空公司我校学子们的大力支持，谨此致谢！

因编者水平和时间有限，书中难免存在疏漏与不足之处，恳请专家和读者批评指正。

编者

CONTENTS

目录

第一单元

走进礼仪

学习目标

1. 了解礼仪的起源与发展。
2. 掌握礼仪的含义和特性。
3. 正确认知服务礼仪的内涵、原则和岗位要求。

模块一 认识礼仪

案例导入

一次，周恩来总理去某地视察工作，飞机着陆后，他同机组人员一一握手，表示感谢。这时机械师正蹲在地上工作，周恩来总理和其他同志握手后就站在机械师身后耐心地等他，并示意别人不要惊动他。机械师工作结束后转过身来才发现总理站在身后，不禁大吃一惊，忙说："对不起，总理，我不知道您在等我。"

总理笑着说："我没影响你的工作吧？"

"没有，没有"，机械师赶忙说。周总理这种尊重别人、讲礼貌的好品质、好作风深深地感动了机械师和在场的所有人。

思考：礼仪的实质是什么？

知识导航

礼仪是人们共同遵守的基本道德规范。为了维系社会的正常生活，礼仪在人们长期的共同生活和交往中逐渐形成，并且以习惯、风俗和传统等方式固定下来。对社会来说，礼仪是社会文明程度、道德风尚的反映；对个人来说，礼仪是一个人的思想道德水平、文化修养、交际能力和生活习惯的外在表现。重视礼仪教育已经成为道德实践的一项重要内容。

视频：礼仪的起源

一、礼仪的起源与发展

（一）礼仪的起源

礼仪的起源可以追溯到原始社会。生活在距今3万年的北京周口店山顶洞人，就已经知道打扮自己了。他们在去世的族人身旁撒放赤铁矿粉，举行原始宗教仪式，这是迄今在中国发现的最早的葬礼。礼仪于何时何地而起，大体有以下几种学说：天神生礼仪；礼为天、地、人的统一体；礼产生于人的自然本性；礼为人性和环境矛盾的产物；礼生于理、起于俗。

（二）礼仪的发展

恩格斯说，当世界上许多民族还没有形成的时候，中国就进入文明时代了。在中国，礼仪在整个民族精神和社会政治中的作用是世界上任何一个国家、民族都不能比的。从一定意义上说，中国文化就是礼的文化，中华民族就是礼的民族，中国历史就是礼的历史。

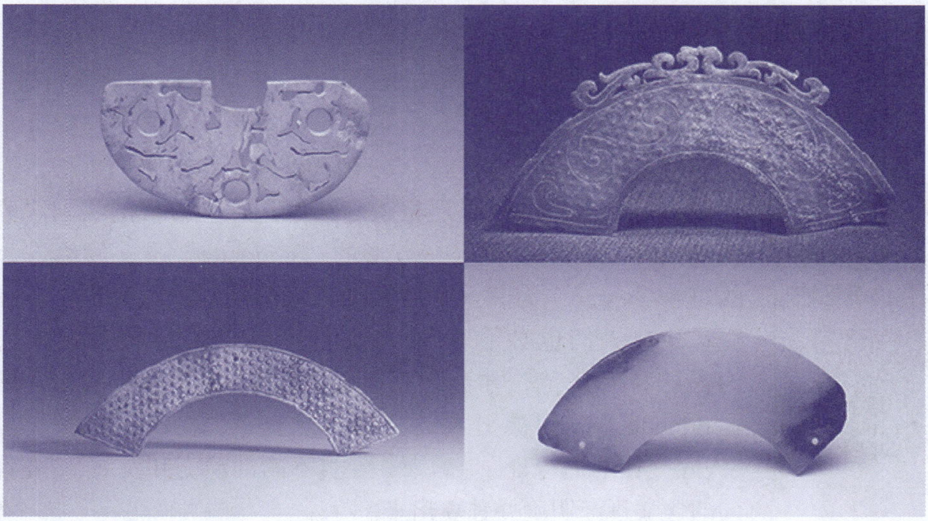

图 1－1　中国古代礼器

（三）中国古代礼仪

礼仪文明作为中国传统文化的一个重要组成部分，对中国社会历史发展起到了广泛而深远的影响。

中国传统礼仪大致可分为政治礼仪、生活礼仪、社交礼仪。可以说，礼仪贯穿于中国人的一生，深入生活中的方方面面。古代礼仪主要包括行走之礼、见面之礼、宴饮之礼、拜贺庆吊之礼。

视频：礼仪的发展

视频：礼仪泛说

视频：生活之礼

视频：礼仪之“道”

知识拓展：“礼仪之邦”的起源

二、礼仪的含义

“礼仪”一词在西方最早见于法语“etiquette”，意思是“法庭上的通行证”。无论是在古代还是在现代，为了展示司法活动的威严，保证审判活动能够合法、有序地进行，法庭总是被布置得庄严肃穆，而且要求所有进入法庭的人员严格遵守法庭纪律。古代的法国法庭将相关规定写在或印在一张长方形的“etiquette”上，发给进入法庭的每一个人，作为其入庭后必须遵守的规矩或行为准则。在社会交往中，人们也必须遵守一定的规矩和准则才能体现人之所以为人的特有风范，才能保证社会文明得以正常维系和发展。当“etiquette”一词被引入英文后，便有了“礼仪”的含义，意即“人际交往的通行证”。后来，经过不断的演变和发展，“礼仪”一词的含义逐渐明确并独立出来。

视频：生活中常见的礼仪小常识

图1－2　握手礼

礼仪，在中国古代社会叫作礼。礼是指长期存在的、维护血缘宗法关系和宗法等级制度的一系列精神原则及言行规范的总称。《康熙字典》中，“礼”被解释为“履也，所以事神致福也”，说明古代的礼是人们祭祀天地、神鬼、祖先以求造福人间的仪式。郭沫若曾指出：“礼之起源于祀神，故其字后来从‘示’，其后扩展而为对人，更其后扩展而为吉、凶、军、宾、嘉的各种仪制。”

因此，从上面的论述中可以看出，广义的礼仪是指一个时代的典章制度；狭义的礼仪是指人们在社会交往中因为受历史传统、时代潮流、风俗习惯、宗教信仰等因素的影响而形成的，为人们所认同和遵守，以建立各种符合礼的精神、要求的行为准则或规范的总和。

首先，讲究礼仪可以实现社会交往中相互尊重的需要，从而达到人与人之间关系的和谐。在现代社会，礼仪可以有效地展现交往双方的教养、风度与魅力，体现一个人对他人和社会的认知水平、尊重程度，是一个人的学识、修养和价值的外在体现。

其次，礼仪规范或准则是人们约定俗成、共同认可的。在实践中，礼仪通常表现为一些不成文的习惯、规矩，之后才逐渐成为大家认可的用语言、文字、动作来描述和规定的行为准则，并成为人们有章可循的、可以自觉学习和遵守的行为规范。

最后，礼仪是一种行为准则或规范。礼仪通常表现为一定的章法。“入境问禁，入乡随俗”，当你进入某个陌生的地方的时候，你要对当地人的习俗和行为规范有所了解，并按照当地的习俗和规范去行事，这才是有礼的做法。

三、礼仪的特性

视频：礼仪的特点

（一）普遍性

礼仪是在人类社会生活的基础上产生的行为规范，全体社会成员均离不开一定的礼仪规范的制约。从古至今、从个人到国家、从语言到行为，礼仪无处不在、无时不在。在人类生活的任何地方，都存在各种各样的礼仪规范。现代礼仪的内容已渗透到社会的方方面面，从政治、经济、文化领域，到人们的日常生活，礼仪活动普遍存在。

小案例

“非礼勿视，非礼勿听，非礼勿言，非礼勿动。”（《论语·颜渊》）这段名言告诉我们，人的视、听、言、动都要受“礼”的约束，只有合于“礼”的才能做，不合于“礼”的不能做，“礼”对人的约束具有普遍性。

（二）差异性

不同的礼仪是在不同的文化背景下产生的，正所谓“一处一乡风”。礼仪的内容和形式是由不同的地域文化决定的。我国幅员辽阔，是一个多民族大家庭，所谓“百里不同风，千里不同俗”，各民族的风俗习惯、礼仪文化都存在差异。

礼仪的差异性还体现在礼仪的等级差别上，如“长幼有别”“尊者优先”。在人际交往中，人们总是根据不同的级别给予差别待遇，而不能随心所欲。例如：同一宴会上，会根据招待对象身份地位高低而区别对待，主席台的位置有限，必须按身份地位有次序地安排就座。

礼仪的差异性体现了人的尊严，提高了工作效率，维护了社会秩序，也呈现了礼仪的本质。

小案例

蒙古族之酒肉不尽：北方的蒙古族家家户户都会在春节前备下当年生长的公羊、各种奶制品，以及几坛美酒。除夕之夜，全家人穿上漂亮的蒙古袍，席地坐在蒙古包中央，迎接新年的到来。午夜开始饮酒进餐，按常规，酒肉剩得越多越好，这样象征着新的一年酒肉不尽、吃喝不愁。初一早晨，身穿各式服装的男女跨上骏马，三五成群地奔向“浩特”(村镇)，挨个串蒙古包。串蒙古包时，首先客人要给长辈叩头祝愿，接着主人家的女婿为前来串蒙古包的客人敬酒。人们载歌载舞，十分欢乐。

壮族之迎英雄：居住在中国南方的壮族，称春节为“新年节”。这一天，人们出门时无论遇到谁都要相互祝贺，据说这样才能吉祥。壮族还有过晚年的习俗，壮族人称之为“吃立节”。“吃立节”是在正月三十。相传在 100 多年前，壮族的一支农民武装在抗击外来侵略者后胜利归来，这时春节已过，壮族群众为了欢迎他们，就在正月三十为他们重过春节。

视频：这些中华礼仪用语，你会用吗？

（三）传承性

中国礼仪文化的发展是一个剔除糟粕、传承精华的过程。那些反映劳动人民精神风貌、代表劳动人民道德水平和气质修养的健康高尚的礼仪得到了继承和发扬，而那些代表剥削阶级、帝王将相、封建迷信的繁文缛节则被淘汰。例如：古代“三叩九拜”的磕头礼被现代的握手礼替代，而“尊老爱幼”“温良恭俭让”等良好的行为规范则得到弘扬。因此，礼仪文化的传承性必将伴随着人类历史的不断进步而逐渐发展。

小案例

在中世纪欧洲人的眼中，中国是一个物产丰富、文明昌盛、可望而不可即的圣地，是他们心目中的天堂。的确，当世界上许多民族还没有形成的时候，我们的祖先就创造了无可匹敌的文明。中国的文明曾在几千年间影响东方世界，中国因此被外国人称为“君子之国”“文明典范”而受敬仰。至今，日本人频频鞠躬、使用“欢迎光临”“请多关照”等礼貌用语的习惯，事实上来源于中国。日本人称之为“唐风”，这个礼节是由 1 200 多年前唐朝的礼制沿袭下来的。

（四）时代性

礼仪作为一种文化范畴，必然具有浓厚的时代特色。任何时代的礼仪的表现形式都是由其时代的特性和内容决定的。例如：礼仪起源于原始的祭祀，因此人类最初的礼仪是从祭神开始的。时代的特色对文化的冲击是巨大的，可以说，每个时代的文化正是其所处的那个时代变迁的缩影，而礼仪文化更是如此。例如：孙中山先生领导的辛亥革命，完结了旧中国 2 000 多年的封建帝制，也影响了人们日常生活的方方面面，于是造就了一代新风尚。

（五）形式性

礼仪活动有会见、会谈、访问、宴会、联谊会等较稳定的形式，而且每种形式都有其基本的运行模式和程序，讲究外在的表现形态，追求一定的形式效应。一定的形式总是为特定的社交内容和任务服务的，既要讲究科学性，也应当注意实际效益。

（六）规范性

规范性主要是指礼仪对具体的交际行为具有规范性和制约性。这种规范性实质上是一种被广泛认同的社会价值取向和对他人的态度。无论是具体的言行还是具体的姿态，均可反映行为主体的思想、道德等方面的内在品质。也就是说，无论是个人的神态、服饰、言谈、举止，还是活动的操作方式、程序安排等，都具有很强的规范性和广泛的认同性。

（七）发展性

时代在不断地前进，礼仪文化也不是固定不变的，而是随着社会的进步不断发展的。一方面，礼仪文化随时代的不断进步时刻发生着变化。例如：现代人进行的电台点歌祝福、微信祝福等礼仪形式就是时代进步产生的新事物。另一方面，随着国家对外交往的不断扩大，各国的政治、经济、思想、文化等诸多因素互相渗透，我国的传统礼仪也被赋予了更多新鲜的内容，礼仪规范更加国际化，礼仪向符合国际惯例的方面发展。如何形成一整套既有我们国家自己的传统特色又符合国际惯例的礼仪规范，已成为当务之急。这种礼仪文化的培养和塑造有助于我们更好地走向世界，与国际接轨。

四、礼仪的原则

（一）诚信

真诚是礼仪的真谛，也是礼仪的本质要求。使用礼仪时，务必诚信无欺、言行一致、表里如一。真诚就是在交际过程中做到诚实守信、不虚伪、不做作。人与人之间交往，如果缺乏真诚则不可能达到目的，更无法保证交际效果。守信是真诚的外在表现。“信”是立身之道、兴业之道、治世之道。信义是约定俗成的社会交往准则。孔子把“信”列为教育学生的“四大科目”（文、行、忠、信）和“五大规范”（恭、宽、信、敏、惠）之一。在人际交往中，我们要把“信”这一传统美德发扬光大，做到以下三点：守时，会见、会谈、会议等不能迟到；守约，与人签订的协议、约定一定要履行；守诺，言必信、行必果。

视频：
礼仪的原则

（二）尊重

心理学家马斯洛认为，人们对尊重的需求包括对获得信心、能力、本领、成就、独立和自由等的愿望。来自他人的尊重包括这样一些概念：威望、承认、接受、关心、地位、名誉、赏识。一个具有足够自尊心的人总是更有信心、更有能力，也更有效率，自然也更能正确认识自己在社会上所扮演的角色，否则就会为了满足自尊而对别人无礼。礼仪讲究互尊原则，即相互尊敬、坦诚、谦恭、和善、得体。只有“你敬我一尺，我敬你一丈”，才能满足每个人的自尊心。

在社会交往中，敬人之心要常存，不可失敬于人，不可伤害他人的尊严，更不能侮辱他人的人格。敬人就是尊敬他人，包括尊敬自己，维护个人乃至集体的形象。不可损人利己。

小案例

某个商人看到一位衣衫褴褛的铅笔推销员，出于怜悯，他塞给那人十元钱。不一会儿，他返回来，从卖笔人那儿取出几支铅笔，并抱歉地解释说自己忘记取笔了。末了，他说："我们都是商人，你有东西要卖。"几个月后，二人再次相遇，卖笔人已经成为推销商，他很感谢那位商人说："是你重新给了我自尊，告诉我，我是个商人。"

（三）宽容

人们在交际活动中使用礼仪时，既要严于律己，又要宽以待人。宽容就是说要豁达、有气量、不计较、不追究，具体表现为一种胸襟、一种容纳意识和自控能力。宽容就是心胸宽广、宽宏大量，能够原谅别人的过失，能设身处地地为别人着想。

小案例

有一次，阿拉伯作家阿里和吉柏、马沙两位朋友一起去旅行。三个人行至一个山谷，马沙失足滑落，眼看就要丧命，幸而吉柏拼命拉住他，才将他救起。马沙于是在附近的大石头上刻下："某年某月某日，吉柏救了我一命。"三个人继续走了几天，来到一处河边，吉柏跟马沙为了一件小事吵了起来，吉柏一气之下打了马沙一个耳光。马沙跑到沙滩上，写下："某年某月某日，吉柏打了我一个耳光。"当他们旅游回来后，阿里好奇地问马沙，为什么要把吉柏救他的事刻在石头上，而把吉柏打他的事写在沙滩上？马沙回答："我永远感激吉柏救我，至于他打我的事，会像沙滩上的字迹一样消失得一干二净。"

（四）自律

自律就是把外在的强制性和约束力转化成内在的、自觉的意识和行动。我们在了解礼仪知识、掌握具体的礼仪规范的同时，会潜移默化地形成一种道德信念，它使我们的道德水平和自控能力不断提高。在这种力量的驱使下，人们不断提高自我约束、自我克制的能力，在与他人交往时，就会自觉按礼仪规范去做，而无需别人提示和监督。

礼仪是待人处事的规范，是在社会群体日常生活与交往过程中形成的合乎道德及规范的行为准则。这些行为规范并不是某一个人或某一个团体规定的，而是社会大众一致认可并约定俗成的。因此，礼仪是靠人自觉维系的，是靠社会舆论来监督的，并逐渐被人们重视起来，从而发展成一门规范的学科。学习和应用礼仪，就是要自我要求、自我约束、自我对照、自我反省、自我检查，使自己的言谈举止符合礼仪规范，养成"非礼勿视，非礼勿听，非礼勿言，非礼勿动"的自觉性。

（五）适度

应用礼仪时要注意把握分寸，认真得体。把握分寸就是适度。礼仪是一种程序规定，而程序本身就是一种“度”。礼仪无论是表示尊敬还是热情都有一个“度”的问题。没有“度”，施礼就可能进入误区。使用礼仪一定要具体情况具体分析，因人、因事、因时、因地，恰当处理。

小案例

战国时期的思想家、政治家和教育家孟子，是继孔子之后儒家学派的主要代表人物，被后世尊奉为仅次于孔子的“亚圣”。

有一次，孟子的妻子在房间里休息，因为是独自一个人，便无所顾忌地将两腿叉开坐着。这时，孟子推门进来，一看见妻子这样坐着，非常生气。

原来，古人称这种双腿向前叉开坐为箕踞，箕踞向人是非常不礼仪的。孟子一声不吭就走出去，看到孟母，便说：“我要把妻子休回娘家去。”孟母问他：“这是为什么？”

孟子说：“她既不懂礼仪，又没有仪态。”孟母又问：“因为什么而认为她没礼仪呢？”，“她双腿叉开坐着，箕踞向人，”孟子回道：“所以要休她。”“那你又是如何知道的呢？”孟母问。

孟子便把刚才的一幕说给孟母听，孟母听完后说：那么没礼仪的人应该是你，而不是你妻子。难道你忘了《礼记》上是怎么教人的，进屋前，要先问一下里面是谁。

上斤堂时，要高声说话；为避免看见别人的隐私，进房后，眼睛应向下看。你想想，卧室是休息的地方，你不出声、不低头就闯了进去，已经先失了礼，怎么能责备别人没礼仪呢？没礼仪的人是你自己呀！一席话说得孟子心服口服，再也没提什么休妻子回娘家的话了。

模块二
认识服务礼仪

案例导入

一天，有四位客人来到东方大酒店的咖啡厅，他们拿着资料，在那里认真地讨论问题。但是咖啡厅人很多，声音嘈杂，讨论受到干扰。服务员小李听见其中一个人说：“什么？再说一遍！天啊！吵死了！听不清楚！”见此，小李主动打电话到客房部，通过沟通协调，为这四位客人免费借了一间临时客房，让客人去客房讨论，以免受到干扰，并送去了咖啡和茶。这四位客人被这种文明、礼貌、优质的服务深深感动了，两天以后，他们给总经理写了一封感谢信，信中说："感谢贵酒店提供的服务，我们受宠若惊，并体会到了什么是世界上最好的服务。拥有如此优秀的员工是贵酒店的骄傲。"

思考：服务员小李的做法对你有何启发？如果你是服务员，你会怎么做？

知识导航

以礼待客、讲究礼仪，是优质服务的重要组成部分，是优秀的服务人员必备的行为规范和素质条件。服务业是我国的"窗口"行业，要发挥好"窗口"作用并提高服务质量，首先必须牢固树立"宾客至上"的服务意识。同时，随着国家改革开放政策的进一步深入，服务人员的礼仪水平对于改善国际交往、增进各国人民之间的了解和友谊、展示中华民族的精神风貌、维护我国的声誉和传播社会主义精神文明等有重要的现实意义。

一、服务礼仪的含义

服务礼仪是礼仪在服务行业中的应用，是服务人员在服务工作中所遵从的对他人表示尊重与友好的工作行为规范和处世准则。它是为了提高服务质量，在工作岗位上向服务对象提供的服务标准和正确做法。

服务礼仪包括职业道德、服务态度、服务语言、规范流程和接待标准等。服务礼仪的核心是在服务过程中对服务对象表示尊重。只有与服务对象产生共鸣，才能收到良好的效果。

图1－3　服务礼仪训练

二、服务礼仪的必要性

（一）讲究服务礼仪是服务行业"窗口"建设和树立新风的需要

服务行业，尤其是旅游业是我国重要的"窗口"行业，它对展示中华民族的精神风貌和企业的文明形象、提高我国人民的精神素质、增进与各国人民之间的友谊，以及传播我国社会主义精神文明，有着十分重要的意义。例如：某些旅游企业和员工无视职业道德，不以文明礼仪待客，侵犯游客利益，致使游客强烈不满。要使旅游行业这扇“窗口”亮起来，必须创建旅游行业内的社会主义精神文明，进一步树立服务行业文明新风、克服服务行业中的不正之风。

（二）讲究服务礼仪是企业提供优质服务的需要

质量是企业的生命线，当前市场竞争激烈，企业的竞争实质上是服务质量的竞争。饭店、景区、银行、机场等企业的生存与发展、声誉与效益、市场与客源，靠的是向宾客提供全方位的优质服务。调查显示，在同类企业硬件设施相同的情况下，影响优质服务的主要因素是服务意识与态度，因为“宾客至上”的服务意识与热情友好、真诚和蔼的服务态度可以使客人在感官上、精神上产生尊敬感和亲切感。因此，企业讲究服务礼仪，可以有效地提高服务质量。

三、服务礼仪应遵循的原则

在职业服务礼仪中有一些具有普遍性、共同性、指导性的礼仪规律。这些礼仪规律，即礼仪服务的原则，是服务人员更好地学习礼仪和运用礼仪的指导思想。

（一）职业道德原则

职业道德是指从事某一具体职业的人，在其工作岗位上所必须遵循的与其职业活动紧密联系的行为准则。它本身受到个人素质与自我良心的制约。任何一种相对完善的市场经济秩序，都是由经济伦理的第一层次——职业道德以及经济信用所构成的。二者皆为人们的行为准则，是人们进行经济交往的道德底线。

遵守职业道德的原则，要求服务人员树立正确的人生观和价值观，充分认识服务工作在市场经济条件下的重要意义，通过自己的一言一行，传达出企业对服务对象的尊重、体贴、关心，使服务工作始于客人的需求，终于客人的满意。

（二）适度原则

适度原则要求服务人员在接待宾客时，运用服务礼仪时注意合乎规范、把握分寸、适度得体；同时，自尊自爱、不卑不亢，既不盛气凌人、狂妄自大，也不低三下四、妄自菲薄；避免虚伪客套，要诚心诚意、言行一致，做到“诚于中而行于外”，不仅注重礼仪的表现形式，而且注重尊重他人的情感。礼仪的施行贵在真诚适度。

（三）角色定位原则

服务人员在为服务对象提供服务之前，必须准确地认定在当时特定的情境下自己所扮演的是服务于人的角色，应按照社会舆论对自己所要扮演的角色的常规要求、限制，选择一定的语言和行为，对自己进行恰当的自我形象设计和行为限定。在服务中坚持“退让以敬人”的服务理念，把受重视、受尊重的一方让给客

阅读案例：宽容游客，彰显文明

人，以此来满足客人心中的角色期望。

（四）宽容原则

在服务活动中，服务人员既要严于律己，又要宽以待人。对客人的失误、错误要宽容和谅解，不要求全责备、过分苛求。

当然，宽容不是纵容，也不是无原则地迁就，对于行为恶劣和无端滋事者，应根据事实真相，采取有理、有礼、有节的方式处理。

视频：女士优先：国家社会公认的一条重要的礼仪原则

（五）从俗原则

由于国情、民族、文化背景的不同，比如在旅游服务中存在“十里不同风，百里不同俗”的现象，这就要求服务人员在提供服务时，对本国及其他各国的礼仪文化、风俗习惯，以及宗教禁忌有全面且准确的了解，只有这样才能在服务过程中得心应手、不出差错。

育人园地

《论语·季氏篇》云：“不学礼，无以立。”意思是，不学习礼仪，就难以有立身之处。现代礼仪与传统礼仪一脉相承。在我们的日常生活和学习工作中要树立“礼”的意识、养成“礼”的习惯，做到彬彬有礼。形于外的言行举止隐含着化于内的个人修养。

有这样一则小故事：李鸿章曾将刘铭传及另外两个书生推荐给曾国藩，而曾国藩为了测验三人的品性，故意约其至曾府面谈。但到约定之时，曾国藩却故意未露面，让三人在客厅等候，于暗中观察三人。在等待的过程中，其他两人都显得很不耐烦，时有抱怨，只有刘铭传始终平静、沉稳地欣赏墙上的字画。后刘铭传被推荐为台湾总督。

这个故事告诉我们，外在的言行举止折射的是内在的品格与毅力，外在礼仪是内在修养的体现。社会的文明程度越高，对于个体礼仪程度的要求就越高。“礼者，天地之序也。”中国人历来把“礼”看得很重，传统礼俗中诚敬谦让、和众修身的原则在当代社会仍然值得被提倡。当然，现在我们对传统礼俗的继承是一个复杂的问题，需认真辨析，择善而从。作为新时代的大学生，更应该将传统礼仪精神与社会主义核心价值观融合起来。正如习近平总书记所言：“要坚持由易到难、由近及远，努力把核心价值观的要求变成日常的行为准则，进而形成自觉奉行的信念理念。”

礼仪训练营

项目任务目标

1. 通过观察法和文献法，掌握礼仪的起源与发展、本质、特点、原则等基本理论；
2. 养成良好的观察习惯，激发提升个人素养的内在驱动力。

一、任务场景训练

【场景设计一：观察法训练】

序号	实训内容	实训要求	评价
1	对仪容仪表的观察	1. 全班按两人一组，分组实施； 2. 通过对仪容仪表的细节观察，形成对观察对象的初印象； 3. 双方交流，对初印象的判断是否符合观察对象本人的实际	
2	对言行举止的观察	1. 全班按两人一组，分组实施； 2. 预设情境，通过观察对象的言行举止，得出结论； 3. 双方交流，判断结论是否符合观察对象本人实际	
3	对客观环境的观察	1. 预设情境，模拟案例环境； 2. 分组对不同观察对象所处的客观环境进行细致观察，得出结论； 3. 讨论交流，明确观察的要点	

【场景设计二：文献法训练】

序号	实训内容	实训要求	评价
1	对古今礼仪文献的搜集、整理	两人或多人小组式进行，教师具体设计指导搜索范围和提供查阅平台	
2	结合特定环境对古今礼仪进行演绎和总结	1. 通过对文献资料的搜索，形成文字综述； 2. 根据文献特色案例，假定情境，展开古今礼仪演绎和角色扮演，掌握礼仪的基本理论	

【场景设计三：实地考察认知训练——酒店服务企业】

序号	实训内容	实训要求	评价
1	任务一　酒店服务企业认知	分组并自选酒店进行观察，完成量表 1	
2	任务二　酒店企业服务岗位认知	分组并自选观测岗位，完成量表 2	

量表 1：酒店服务企业认知量表（任务一）

____年____月____日

<table>
<tr><td colspan="6">__________酒店服务企业认知量表（观察法）</td></tr>
<tr><td>姓名</td><td></td><td>班级</td><td></td><td>学号</td><td></td></tr>
<tr><td>认知内容</td><td colspan="3">认知记录</td><td colspan="2">认知感悟或问题</td></tr>
<tr><td>企业概况</td><td colspan="3"></td><td colspan="2" rowspan="5"></td></tr>
<tr><td>组织结构</td><td colspan="3"></td></tr>
<tr><td>企业文化</td><td colspan="3"></td></tr>
<tr><td>规章制度</td><td colspan="3"></td></tr>
<tr><td>岗位分工与仪容仪表</td><td colspan="3"></td></tr>
<tr><td>意见建议</td><td colspan="5"></td></tr>
<tr><td>教师评价</td><td colspan="5">□优　□良　□中　□合格　□不合格</td></tr>
</table>

量表 2：酒店企业服务岗位认知量表（任务二）

____年____月____日

________酒店企业服务岗位认知量表（文献法）					
姓名		班级		学号	
查阅企业相关资料（作者、文献资料名称、来源、文献资料发表日期）					
服务岗位描述（工作内容、考核标准、上下级关系、薪酬待遇、工作环境、岗位价值）					
岗位胜任力描述（专业知识、专业技能、职业素养）					
对职业形象与礼仪课程、教学的意见建议					
教师评价	□优 □良 □中 □合格 □不合格				

实施指导

1. 通过训练，培养学生的观察能力和探究能力；
2. 通过学生自评、互评和教师评价，激发学生的创新意识。

二、综合测评

案例分析

在外事活动中，周恩来总理十分注重礼节。他病重期间，重要的外事活动都坚持参加。后来他病得脚也肿起来了，原来的皮鞋、布鞋都不能穿了，只能穿着拖鞋走路。

工作人员关心周总理，让他穿着拖鞋参加外事活动，认为外宾能够理解。周总理不同意，他慈祥又严肃地说："不行，要讲礼仪嘛！"于是，他让工作人员为他特制了一双鞋。

请分析：周总理为什么注重礼节？

知识检测

1. 礼仪的特性有______、______、______、______、______、______、______。

2. 礼仪的起源要追溯到______。

3. 礼仪起源的学说有______、______、______、______、______。

4. 服务礼仪应遵循的原则有______、______、______、______、______。

技能训练

结合专业特点及本单元所学的知识，就下列问题展开讨论：

1. 作为未来的职场人士，礼仪修养在我们职业生涯发展中有多重要？

2. 如何将自己塑造成一名德才兼备、具有良好礼仪素养的职场人员？

（1）以小组为单位，将讨论结果汇总成一篇演讲稿。

（2）每个小组派一名代表进行演讲。

（3）教师评价、小组互评、小组内自评，进行效果评价。

三、21 天礼仪习惯养成训练

在 21 天里坚持有意识地细致观察，观察他人、环境等因素并反思，有效律己修身，形成良好的礼仪习惯。

观察习惯 21 天养成打卡

（一）承诺书

执行人承诺书

礼由心生，外化于形。我承诺将在今后的 21 天里坚持习惯养成打卡，心向美好，律己敬人，努力成为更好的自己。

承诺人：

镜子伙伴承诺书

我承诺在今后的 21 天里与______成为镜子伙伴，彼此监督，彼此促进，心向美好，律己敬人，努力成为更好的自己。

镜子伙伴：

（二）21 天打卡

打卡任务内容：观察和反思训练。

打卡任务方式：任意选取一个目标，对其着装、礼仪、仪态、言谈举止和外在形象等方面进行细致观察，每天写一篇观察日记，结合所学理论知识，做出分析、判断和反思，加深对理论知识的理解和认识。

打卡开始时间：

打卡结束时间：

时间	日常	补卡	时间	日常	补卡	时间	日常	补卡
第 1 天			第 8 天			第 15 天		
第 2 天			第 9 天			第 16 天		
第 3 天			第 10 天			第 17 天		
第 4 天			第 11 天			第 18 天		
第 5 天			第 12 天			第 19 天		
第 6 天			第 13 天			第 20 天		
第 7 天			第 14 天			第 21 天		

（“日常”用太阳图示标记；“补卡”用笑脸图示标记。）

（三）感受与反思

____

____

____

____

（四）行动后的评价（满分 10 分）

自我评价：（　　）分。

表现很棒的方面______________________________

有待提升的方面______________________________

镜子伙伴评价：（　　）分。

表现很棒的方面______________________________

有待提升的方面______________________________

智能模型交互实践与知识拓展

智能模型

1. 豆包，链接：https://doubao.com

2. 文心一言，链接：https://yiyan.baidu.com/welcome

应用场景

模块一 认识礼仪

借助上述模型，梳理古今中外礼仪的发展脉络，剖析不同文化背景下礼仪的独特之处，助力学生全方位认识礼仪。同时，利用大模型生成因忽视礼仪而产生不良后果的小故事或案例，增添学习的趣味性与启发性。

模块二 认识服务礼仪

通过模型获取不同行业服务礼仪的具体规范和要求，如酒店、银行、航空等行业的服务用语、接待流程示例；还能生成优质服务与不良服务的对比案例，让学生更直观地感受服务礼仪的重要性。

使用方式

学生可提出“礼仪在不同历史时期的特点和变化”“不同国家商务礼仪的主要区别”等问题，模型可依据丰富的知识库给出全面详细的解答，拓展学生的知识面，加深对礼仪起源、发展、概念及重要性等基础理论知识的理解。

第二单元

形象礼仪

学习目标

1. 熟悉仪容要求。
2. 掌握面部化妆的程序和技巧。
3. 掌握职场人员着装和服饰的要求。
4. 做到理论和实践的有机结合，在工作中能正确塑造自己的形象。

模块一 职业仪容修饰

案例导入

李明是一家网络服务器公司的推销员，一天，他上门向王勋做销售推介："王先生，您好，我想向您介绍一下我们的产品。您知道，作为网络服务器，产品的稳定性是很重要的。经过科学验证和很多客户的使用，证明我们的产品可以保证连续运转而不发生意外……"李明不停地说，并不停地用笔记本电脑向王勋做演示，可是王勋老是走神，他看着李明的鞋子、裤子，然后又把目光扫过他的衬衫和领带，哦，他的鞋子有多久没有上油了，看不到一点光亮，他的衬衫领子明显可见油污，不会是昨天去帮哪位朋友修理过汽车吧？"王先生，我说了很多了，我想您对我们的产品也有了初步的了解，您知道吗，我现在手里有很多订单，我的客户也很多，我想您也一定很有兴趣，如果您使用我们的产品，我们会给您提供更多的服务。""哦，"王勋回过神来，"对不起，李明先生，我对这个不感兴趣，我想我考虑一下再给你答复吧。"

思考：王勋为什么会对李明推销的产品不感兴趣？

知识导航

仪容在个人整体形象中居于显著地位，它是指一个人的容貌，包括发型、面容（神态、表情），以及人体所有未被服饰遮掩的肌肤（手、颈部）等。仪容的修饰与一个人的道德水平、审美情趣和文明程度有关。在个人形象中，仪容最引人注目。仪容体现着职场人员的精神面貌。

一、发式

"完美的形象——从头开始"。得体、整洁的发型是仪容最基本的要求。职场人员的发式应合乎规范，头发修饰具体的礼仪规范有以下要求。

（一）头发整洁无异味

要经常理发、洗发和梳理头发，以保持头发整洁且没有头皮屑。理发后要将散落在身上的碎头发等清理干净，并使用清香型发胶，以保持头发整洁、不蓬乱，切忌使用异味发油。

（二）发型大方得体

男式头发长度要适宜，前不及眉，旁不遮耳，后不及领，不能留长发、大鬓角，也不能剃光头、烫发，要显示出职场人员干练、稳重的气质。

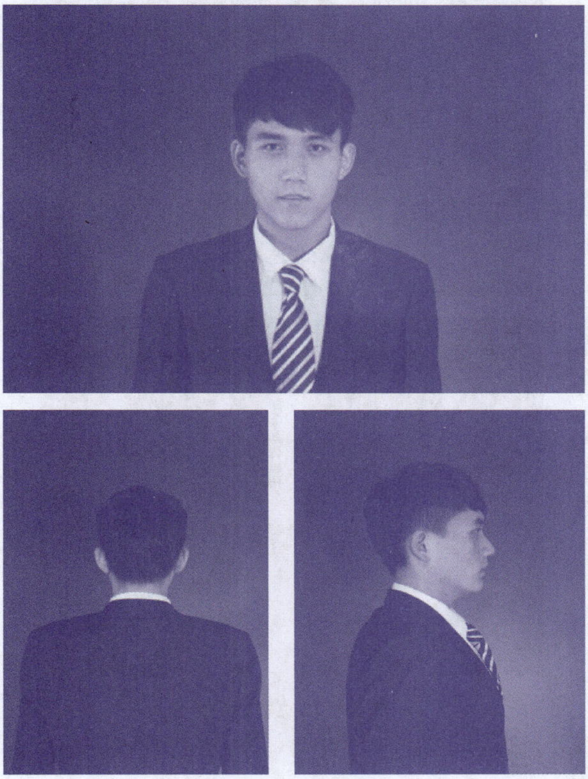

图 2－1　男士发型

女士不梳披肩发，刘海不得遮盖眼睛，不留怪异的新潮发型。若过分强调新潮和怪诞，容易与客人产生隔阂和距离，使人避而远之。此外，女性刘海不要及眉，头发过肩的最好扎起来或盘起、挽起，给人一种轻松、阳光、干练、睿智的感觉，头饰以深色小型为宜，不可夸张耀眼。

视频：职业发型

二、面部修饰

面容是最令人注目的地方，是构成一个人基本特征的要素。职场人员作为企业形象的代言人，必须重视面部的美化。

（一）面部的清洁

清洁养护是面部修饰的基础，也是仪容美的基本要求。职场人员在工作中应注意面部的清洁。干净整洁的面部辅之以适当的修饰，通常会给人清爽宜人、淡雅美丽之感。应勤洗脸、讲卫生，时刻保持面部的干净。在洗脸时应及时去除眼角的分泌物，清洗鼻孔、耳朵和颈部等易被忽视的地方。另外，作为职场人员，男士不能蓄须，要养成每日剃须、修面的好习惯；女士更应注重妆容，在保洁方面应更讲究。

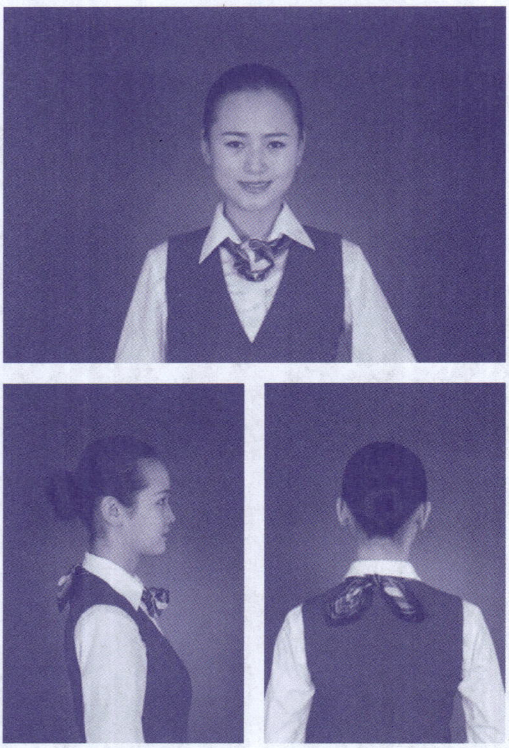

图2-2 女士发型

（二）面部的化妆

化妆是生活中的一门艺术。适度而得体的化妆，可以更好地展现职场人员的风采，同时是尊重客人的礼貌表现。根据从业人员的职业要求，职场人员上岗前应化淡妆。

图2-3 面部化妆

1. 化妆的原则

（1）符合美化的原则。化妆意在使人变得更加美丽，因此在化妆时要注意适度矫正、修饰得法、扬长避短。在化妆时不要自行其道、任意发挥、寻求新奇，有意无意将自己老化、丑化、异化。

视频：职业妆容

（2）符合自然的原则。自然是化妆的生命，化妆的最高境界是“妆成有却无”。自然的化妆要依赖正确的化妆技巧和合适的化妆品；要一丝不苟，井井有条；要讲究过渡，体现层次；要点面结合，浓淡相宜。

（3）符合协调的原则。高水平的化妆，强调的是整体效果。第一，妆面协调。即化妆部位色彩搭配、浓淡协调，妆面应针对脸部特点进行整体设计。第二，全身协调。即脸部化妆必须与发型、服装、饰物协调，力求取得完美的整体效果。第三，身份协调。即化妆需根据所从事的职业体现行业的气质和人际吸引力。第四，场合协调。即不同场合配不同的妆容。例如：白天工作时间一般以淡妆为宜，夜晚的娱乐、舞会、聚会可以施以浓妆。不同的场合应有与之相称的妆容，以此显示教养和礼貌。

（4）符合科学的原则。一要科学地选择化妆品。对待任何一种化妆品都要先了解其成分、特点、功效，然后根据自己皮肤的特点合理选择使用。二要得法。化妆虽然讲究个性化，但必须学习技法、熟悉化妆之道。若技法出现明显错误，会暴露自己在美容素养方面的不足，从而适得其反、贻笑大方。

2. 化妆的礼节

（1）勿在公共场所化妆。在众目睽睽之下化妆是非常失礼的。妆容应事先化好，或在化妆间及其他无人场所化妆，切勿当众化妆或补妆。

（2）忌岗上化妆。不可在工作岗位上化妆，否则会显得三心二意，既不尊重客人，也不尊重自己。

（3）勿非议他人的妆容。由于文化、肤色等差异及个人审美观的不同，每个人化的妆不可能是一样的，切不可对他人的妆容评头论足。

（4）勿借用他人的化妆品。每个人的化妆盒都具有隐私性，隐藏着各自的喜好和习性。随便使用他人的化妆品，等于侵入他人隐秘的私人空间，是非常不礼貌的行为。而且，直接接触皮肤的化妆品、化妆用具最易滋生细菌，导致皮炎。因此，即使是出于对健康的考虑，也不应使用他人的化妆品。

（5）勿以残妆示人。残妆是指由于出汗之后、休息之后或用餐之后，妆容出现了残缺。脸部残妆会给人懒散、邋遢之感。所以，工作中不但要注意坚持化妆，而且要注意及时地进行检查和补妆。

三、其他卫生礼仪

（一）口腔

要保持口腔清洁。坚持早晚刷牙，可以有效减少口腔中的细菌和异味。不要吸烟、喝浓茶，以免牙齿变黄、变黑。上岗前不要喝酒，不吃生蒜、生葱、韭菜等带刺激性味道的食物。上岗时不要饮食、嚼槟榔、嚼口香糖，不得面对食物或餐具说话、咳嗽、打喷嚏。与人交谈时要保持一定的距离，切勿口沫横飞。

（二）鼻腔

要保持鼻腔清洁卫生，经常清理，并按时修剪鼻毛。切勿在他人面前挖鼻孔或抹鼻子，这样很不卫生，也不文雅，很容易引起别人的反感。

（三）手部

在日常生活中，手需要经常接触他人或物体，从清洁、卫生、健康的角度讲，应当勤洗手。餐前便后、外出归来及接触各种东西后，都应及时洗手。手指甲要定期修剪和洗刷，保持干净整齐；指甲的长度以不能从手心正面看到为宜；不要涂有颜色的指甲油。在工作时，不可以用双手揉眼睛、掏耳朵、抠鼻孔、剔牙齿、搔头皮，更不允许四处乱摸、捡地上的物品。

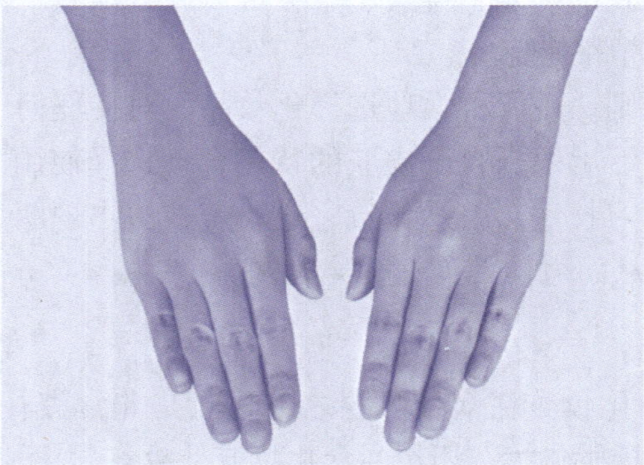

图 2－4　手部卫生礼仪

（四）洗澡

有条件的职场服务人员应当每天洗澡。因为不及时洗澡，身上的汗味会很难闻。特别是在夏季，客人闻到后会很反感，这样会影响服务质量。冬天也要每隔一两天就洗一次澡；应该在工作前洗，以保证服务时身体无异味。

知识拓展：女性如何选择适合自己的发型

模块二

职业着装规范

案例导入

被誉为“东方之珠”的香港每年吸引着数以万计的游客，《中国日报》驻香港记者李涛说，香港管理机构没有要求导游统一着装，但不排除公司有自己的要求。

去日本旅游过的朋友可能会注意到，日本的导游都穿制服。旅居日本的华人唐辛子介绍，作为一个制服传统大国，日本每个公司都强制要求导游统一着装，因为工作服可以作为公司的形象便于游客识别。

风景独特、气候宜人的澳大利亚是全球最佳旅游胜地之一，而澳大利亚的导游常常身兼两职：导游和司机。全球华语广播网澳大利亚特约观察员刘珏说，澳大利亚的公司一般要求司机统一着装，但这种“统一”还是有自由空间的；制服也不都是由公司提供的，可能只是提供一件带有标志的上衣，其他满足基本要求就可以了。其不能完全统一也许还有另一层原因，作为一个移民国家，澳大利亚的导游来自不同肤色的人群，不同肤色的人适合不同样式的衣服。

思考：你认为导游在工作时是否要穿统一制服？其在着装方面应注意哪些问题？

知识导航

着装是一种文化，是一种无声的语言，体现了一个人的社会地位、文化品位、艺术修养，以及为人处世的态度。正确得体的着装，能体现个人良好的精神面貌、文化修养和审美情趣。职场服务人员着装不但要符合工作要求，而且要时刻注意自我形象，以便更好地维护个人及企业的良好形象。

一、着装的原则

（一）TPO 原则

TPO 分别是英文中时间（Time）、地点（Place）、场合（Occasion）三个单词的首字母缩写。穿着的 TPO 原则，要求人们着装时以时间、地点、场合三项因素为准。

1. 时间

不同时段的着装规则对女性尤其重要。男性有一套质地上乘的深色西装或中山装足以应付不同时段，而女性的着装则要随时间而变换。白天工作时，女性应穿着正式套装，以体现专业性；晚上出席鸡尾酒会时，需多加一些修饰，如换一双高跟鞋，戴上有光泽的佩饰，系一条漂亮的丝巾。服装的选择还要适合季节和气候特点，保持与潮流趋势同步。

2. 地点

地点不同，着装应有所区别。特定的环境只有配以与之相适应、相协调的服饰，才能获得视觉和心理的和谐与美感。如果在自己家里接待客人，可以穿着舒适、整洁的休闲服；如果是去公司或单位拜访，穿职业套装会显得专业；外出时要顾及当地的传统和风俗习惯，如去教堂或寺庙等场所，不能穿过露或过短的服装。

3. 场合

不同的场合有不同的服饰要求：与客人会谈、参加正式会议等，衣着应庄重考究；听音乐会或看芭蕾舞剧，应按惯例穿正装；出席正式宴会时，应穿中国的传统旗袍或西方的长裙晚礼服；朋友聚会、郊游等场合，着装应轻便、舒适。

一般而言，涉外交际中所涉及的场合有三种：公务场合、社交场合、休闲场合。

（1）公务场合是指上班时涉及的场合，一般包括在办公室、会议厅及外出执行公务等情况。公务场合着装的基本要求是：注重保守，宜穿套装、套裙及制服。除此之外，还可以选择长裤、长裙和长袖衬衫，不宜穿时装、便装。

（2）社交场合是指工作之余和同事、伙伴友好地进行交往应酬的场合。虽然这些场合不是在工作岗位上，但面对的往往是熟人。社交场合着装的基本要求是：时尚个性，宜穿礼服、时装、民族服装。必须强调在这种社交场合一般不适合选择过分庄重保守的服装，如穿制服去参加舞会、宴会、音乐会，就往往和周边环境不大协调了。

（3）休闲场合是指工作之余的活动场合，如健身运动、观光游览、逛街购物等。休闲场合着装的基本要求是舒适自然。换言之，只要不触犯法律、不违背伦理道德、不妨碍他人的身体安全，那么我们的穿着打扮可以完全凭个人喜好。一般而言，在休闲场合，适合选择的服装有运动装、牛仔装、沙滩装及各种非正式的便装，如短袖衫、短裤、凉鞋、拖鞋等。在休闲场合，如果身穿套装、套裙，往往会贻笑大方。

（二）个性原则

个性原则是指服装应当为体现个人独特的风格服务。每个人在年龄、性别、形体、职业、身份等方面都有所不同，在着装时，必须首先考虑这一点。一个人如能根据自己的个性选择服装，往往更能显示出自身独特的魅力。

小案例

李小姐看见商店橱窗里模特儿穿的一件衣服很好看，就请售货员拿来试穿，却发现效果不理想。她咨询了有经验的同事，才意识到：塑料模特儿的衣架是硬的，什么衣服穿在上面都好看；而人的骨架与之不同，稍微高或矮一点儿，穿上身的效果就大不相同。

（三）整体原则

正确的着装能起到修饰形体、容貌等作用，形成和谐的整体美。服饰的整体美包括人的形体、内在气质和服饰的款式、色彩、质地、工艺及着装环境等。服饰美就是从这多种因素的和谐统一中显现出来的。

二、制服着装规范

制服是标志一个人从事某种职业的服装。职场服务人员上班在岗必须穿制服，这不仅是行业工作的需要，也体现了对宾客的尊重。

三、西装礼仪

视频：职业着装

西装是一种国际性服装，因为穿起来给人一种彬彬有礼、潇洒大方的印象，所以才得以发展，成为当今国际通用的礼服，被应用在各种正式场合中。但是，西装作为礼服，其穿着有着统一的模式和严格的要求。只有符合西装着装的模式和要求、符合西装礼仪，才能潇洒自如地出入各种场合。

西装的选择和搭配是很有讲究的。选择西装既要考虑颜色、尺码、价格、面料和做工，又不能忽视外形线条和比例。西装不一定非要料子高档，但必须裁剪合体、整洁笔挺。应选择色彩较暗、沉稳且无明显花纹图案但面料高档些的单色西装套装，这类西装适用场合广泛、穿用时间长、利用率较高。

（一）男士西装礼仪

在各种类别的服装中，男士穿西装的讲究最多。

1. 西装

（1）款式。现在男士常穿的西装有两大类：一类是平驳领、圆角下摆的单排扣西装；另一类是戗驳领、方角下摆的双排扣西装。另外，西装还有套装（正装）和单件上装（简装）的区别。套装要求上下装面料、色彩一致，这种两件套西装再加上同色同料的背心（马甲）就成为三件套西装。套装如作为正式交际场合的礼服用，色调应较深，最好用毛料制作。在半正式交际场合，如在办公室参加一般性的会见，可穿色调比较浅的西装。在非正式场合，如外出游玩、购物等，最好穿单件的上装，配以其他色调和面料的裤子。

图2-5　男士西装（图片来源于网络）

（2）面料。西装面料的选择力求悬垂、挺括、透气、舒服，而市面上的纯毛面料能够达到这一标准且不易起皱，因此成为职业西装面料的首选。

（3）颜色。西装有正式西装和休闲西装之分：正式西装是单色的、深色的，以蓝色的西装为主，且颜色越深越正式，但应避免黑色，黑色是礼服用的颜色；休闲西装色彩多样，既可以是单色的，也可以是多色的。作为职业装，应选择正式西装。

视频：西装扣子礼仪

（4）穿着要领。出席正式场合穿西装，要坚持三色原则，即穿着的颜色或色系不能超过三种。穿双排扣的西装，一般应将纽扣都扣上。穿单排扣的西装，如果是两粒扣的，只扣上面的一粒，如果是三粒扣的，则扣中间的一粒。在一些非正式场合，可以不扣纽扣。穿西装时，衬衫袖口一定要扣上。西装的驳领上通常有一只扣眼，这叫插花眼，是参加婚礼、葬礼或出席盛大宴会、典礼时用来插鲜花的，在我国一般无此习惯。西装的衣袋和裤袋里，不宜放太多东西，最好将东西放在西装左右两侧的内袋里。西装的左胸位置有个口袋，是用来插手帕的。不能把双手随意插在西装衣袋或裤袋里，否则会有失风度。西装袖口的商标牌应摘掉，否则不符合西装穿着规范，在高雅场合会贻笑大方。因为西装讲究线条美，所以西裤必须有中折线。西裤长度以前面能盖住脚背、后面能遮住一厘米以上的鞋帮为宜，而且不能随意将西裤裤管挽起来。

2. 衬衫

衬衫必须为单色，白色为首选，蓝色、灰色、棕色、黑色亦可；杂色、过于艳丽的颜色有失庄重，不宜选。正装衬衫应为长袖衬衫，短袖衬衫则具有休闲性质。以其袖口而论，衬衫又有单层袖口与双层袖口之别。后者又称法式衬衫，主要作用是可以佩戴装饰性袖扣。装饰性袖扣又称链扣或袖链，使用时如果恰到好处，可为自己平添高贵而优雅的风度。

衬衫袖口应比西装袖长出1～2厘米，衬衫领应高出西装领1厘米左右。衬衫下摆必须扎进裤内。若不系领带，衬衫的领口应敞开。在正式交际场合，衬衫的颜色最好是白色的。

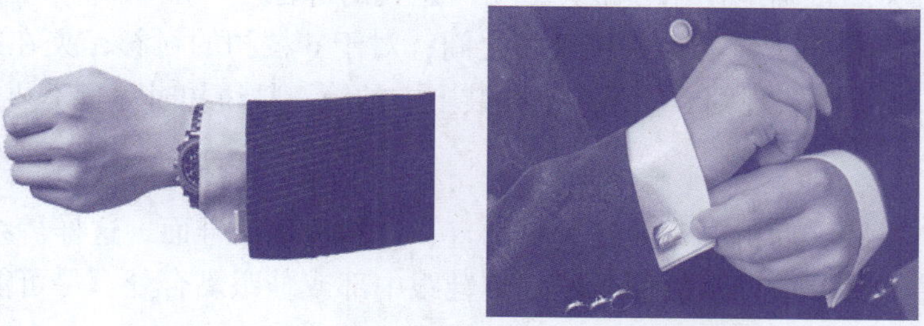

图 2－6 男士西装袖口礼仪（图片来源于网络）

3. 领带

领带是男士在正式场合的必备服装配件之一，是西装的重要装饰品，对西装起着画龙点睛的重要作用，通常被称作“男子服饰的灵魂”。

图 2－7 领带（图片来源于网络）

（1）面料。领带质地一般以真丝、纯毛为宜，档次稍低点的面料是尼龙，但绝不能选择棉、麻、绒、皮革等质地的领带。

（2）颜色。一般而言，服务人员尤其是酒店从业者应选用与自己制服颜色相称，且光泽柔和、典雅朴素的领带，不要选用那些过于显眼、花哨的领带。其颜色一般选择单色（蓝、灰、棕、黑、紫色等较为理想），多色的则不应多于三种颜色，而且尽量不要选择浅色、艳色。

（3）图案。领带图案的选择要坚持庄重、典雅、保守的基本原则，一般为单色无图案，宜选择蓝色、灰色、咖啡色或紫色，或者选择波点、条纹等几何图案。

（4）款式。领带宽度应与西装领襟一致，目前以 10 厘米宽最为流行。以东方人身高而言，领带的长度以 132 ～ 142 厘米最为标准。打领带时，领带的位置刚好盖在皮带头上面最适合。此外还要注意，不能选择简易式领带。脸宽的人不宜佩戴细长的领带，脸长的人不宜佩戴宽阔的领带。领带系好后，一般是两端自然下垂，宽的一片应略长于窄

视频：
领带的打法

的一片，绝不能相反，也不能长出太多；如穿西装背心，领带尖不要超出背心下沿。

（5）领带夹。正确地使用领带夹，要注意夹的部位。一般来讲，对于5粒扣的衬衫，将领带夹夹在第3粒与第4粒纽扣之间；对于6粒扣的衬衫，夹在第4粒与第5粒纽扣之间。还有一条规则，就是系上西装上衣的第一粒纽扣时尽量不要露出领带夹。

4. 西裤

西裤都有裤线，西裤一定要正、平、直、自然地垂到鞋面，这样裤线才能体现西裤挺括的质感。裤长应该从后面看刚好到鞋跟中部或鞋跟黏合处，尽可能把裤腰提到靠近自然腰线的位置。

5. 鞋袜

穿西装一定要搭配皮鞋，而且裤子要盖住皮鞋鞋面，选择与正装西装相配的皮鞋，应选黑色系牛皮鞋。不能穿旅游鞋、轻便鞋或布鞋、露脚趾的凉鞋。袜子的颜色应与西裤、皮鞋的颜色相同或选择较深的颜色，多为黑色、深蓝色等。男士宜着深色针织中筒袜，半透明的尼龙或涤纶丝袜为大忌；同时做到鞋内无味、鞋面无尘、鞋底无泥，袜子干净、无破损、袜口不外露。

6. 腰带

西裤腰带的前方显露于外，必须雅观大方。一般而言，腰带应该是真皮制成的，颜色以黑色为佳，棕色或暗红色也可，应与鞋相配；同时考虑搭配问题，皮带扣一般不宜选红色，金属皮带扣应与配饰同色。

（二）女士西装套裙礼仪

1. 西装套裙

女士西装样式、花色繁多。在一般的交际场合，女士可穿各式各样的裙子，正式一点的场合则穿西装套裙。

图2-8　女士西装套裙（图片来源于网络）

（1）款式。女士西装套裙分为两种基本类型：一为“随意型”套裙，即以女士西装上衣与随意一条裙子进行自由搭配与组合。女士西装上衣的选择种类要比男士多得多，比如款式上有大领、小领、圆领、方领、鸡心领和平领，并有长袖、中袖和短袖之分。二为“成套型”/“标准型”套裙，即女士西装上衣和与之同时穿着的裙子为成套设计制作而成。严格来讲，套裙事实上仅指后一种类型。

（2）颜色。以冷色调为主，以体现着装者典雅、端庄、稳重的气质，颜色要求清新、雅气而凝重，忌鲜艳色、流行色。与男士西装不同，女士西装套裙不一定非要深色，各种加入了一定灰色的颜色都可选，如藏青、炭黑、烟灰、雪青、茶褐、土黄、紫红等，且不受单色限制，可上浅下深或下浅上深。但需要注意的是，全身颜色不应超过三种。西装套裙的图案可以选择方格、条纹和印花，但在颜色上要避免选择过于鲜亮的颜色。正式场合穿着的西装套裙一般不带任何图案，以简洁、朴素为主。

（3）穿着要领。一般情况下，职场女性的定位不像男性那么严格和正规。如果在非常庄重的场合，女性一定要追求正规的话，可以参照男性的着装标准。例如：西装里面加一件衬衫，应以白衬衫为宜；衬衫的领子掖在里面比翻在外面正规；衬衫的下摆掖进西装裙里面比悬垂在外面正规。简单来说，就是越接近男装的着装标准就越正规。西装套裙中有些裙子是介于正装和休闲装之间的，如纯黑的西装裙。正装的西装套裙，长度是有限制的，要在膝盖以上。老年女性可以穿平于或者低于膝盖的裙子。在职的女性穿在膝盖以上 3 厘米的裙子比较合适，这样可以表现出女性干净、利落和优雅的感觉。另外，女士西装套裙的开衩在什么位置并不重要，前开、后开和侧开都可以。

2. 衬衫

衬衫以单色为最佳之选。女性穿衬衫还应注意以下事项：衬衫的下摆应掖入裙腰之内而不应悬垂于外，也不要在腰间打结；衬衫的纽扣除最上面一粒可以不系上，其他纽扣均应系好；穿西装套裙时不要脱下上衣而直接外穿衬衫。衬衫之内应当穿着内衣但不可显露出来。

3. 鞋袜

配套裙的皮鞋只有一种选择，即高跟鞋。如果身体没有特殊原因，最好不要穿中跟鞋，更不能穿平跟鞋。因为当穿上高跟鞋时，女性体态会有所变化，再加上职业短裙，会显得更加优雅、有风度。女性的长筒丝袜款式多样，但搭配套裙的袜子只有两种颜色可以选：肉色和黑色。袜子分为透明和不透明两种，冬天穿不透明的保暖丝袜，夏天穿透明的丝袜。职业女性穿正装的时候，千万不要穿带网眼儿的丝袜，因为带网眼儿的丝袜比较张扬个性，不适合正式场合。

4. 女性着装的禁忌

（1）忌过分杂乱。女性着装要注重整体搭配的和谐，无论是色彩还是饰品，都要避免杂乱无章。

（2）忌过分艳丽。在正式场合，女性的穿着打扮以庄重保守为佳，过分艳丽的，如浅黄、粉红、浅绿或橘红色的套裙，都不适合。

（3）忌过分透视。在正式场合，女性应尽量避免过分透视的穿着，过薄、过透、颜色过浅的服装应慎穿。如果是上述面料的套装，一定要配衬裙。衬裙要选择单色，尽量和套装相协调。女性在正式场合尤其严禁穿能看到内衣的透视套装。

（4）忌过分短小暴露。女性在正式场合穿得太短、太暴露，会给人不庄重、不雅致的感觉。女性上衣的上限是齐腰，露腰露腹的上衣不雅观；套裙不能太短，超短裙绝对不提倡。

（5）忌过分紧身。在正式场合，套装的肥瘦也要合适，过分凸显身材的套装也不宜穿。

除了上述常规的穿着禁忌之外，女性在正式场合还要注意几个具体的穿着禁忌：黑色皮裙不能穿；套裙、皮鞋、丝袜不配套；光腿不穿袜子；出现裙子一截、袜子一截、腿肚子一截的三截腿现象；袜子出现残破、抽丝的现象。这些穿着行为会极大地损害女性的形象。

模块三 服饰搭配技巧

案例导入

公司明天要与国外某公司谈判，张经理叮嘱担任翻译的小杨和做会议记录兼会议服务的小潘好好准备。小杨和小潘除了在文本、资料等方面做了准备，还在打扮上下了一番功夫。正式会谈这天，只见坐在张经理一旁的小杨衣着鲜艳，金耳环、大颗宝石戒指闪闪发光，这使得张经理身上的那套价值千元的名牌西服也黯然失色。张经理与外商在接待室内寒暄时，小潘拿来了托盘准备茶水，只见她花枝招展，一对大耳环晃来晃去，五颜六色的手镯碰桌有声，高跟鞋叮叮作响。她从茶叶筒中拈了一撮茶叶放入杯中……客商面带不悦之色，把自己的茶杯推得远远的，张经理也觉得很尴尬。

思考：你知道小杨和小潘哪里出了问题吗？

知识导航

饰品的佩戴也是职场人员服饰的重要组成部分，符合礼仪的饰品佩戴可以起到扬长避短、点缀装束、传递信息、表达意向、塑造形象等作用，但是必须认真遵守本行业的特殊规定。

一、饰物佩戴的要求和原则

饰物佩戴必须符合一定的礼仪规范和佩戴原则，以达到增加魅力、体现高雅、合理渲染的效果，通常应当遵循下面的原则。

（一）符合身份

选戴首饰时，不仅要照顾个人爱好，而且应当符合自己的身份，要和自己的性别、年龄、职业、工作环境保持基本一致，而不要相差太多。服务行业的工作特点决定了从业人员的工作任务和职责就是为客人提供优质服务，即一切要以服务对象为中心，竭尽全力地为其提供服务。因此，服务人员必须对自己的角色定位有正确的认知，不能本末倒置，甚至将自己凌驾于客人之上。要注意自己的身份，切忌在佩戴饰品时无所顾忌。

（二）数量以少为好

在必要时，可以不用佩戴首饰。如果想同时佩戴多种首饰，最好不要超过三种。如果没有特殊要求，一般可以是单一品种的戒指，或者是把戒指和项链、戒指和胸针、戒指和耳钉两两组合在一起使用。如果一次佩戴太多，项链、耳坠、戒指、手链，甚至再加上一枚胸针，整个人看起来既凌乱、累赘又缺乏品位。佩戴首饰的作用不是为了显示珠光宝气，而是要对整体服装起到点缀、浓缩或扩展的作用，以增强一个人外在的节奏感和层次感。

（三）同质同色

佩戴镶嵌首饰时，镶嵌物质地要保持一致，托架也要力求一致，这样能让它们在总体上显得协调。高档饰物，特别是珠宝首饰，适宜在隆重的社交场合佩戴。如果在工作、休闲时佩戴，就会显得过于张扬。如果同时佩戴两件或两件以上的首饰，应当色彩一致。

（四）符合场合

只有在交际应酬时，佩戴首饰才最合适。上班时间以不戴或少戴首饰为宜；从事劳动、体育运动和出席会议时，也不宜佩戴首饰。

（五）扬长避短

选择首饰时，应充分正视自身的形体特点，努力利用首饰为自己扬长避短。避短是其中的重点，扬长则要适时而定。

（六）与服饰协调

佩戴首饰是服装整体造型中的一个环节，要兼顾服装的质地、色彩、款式，并努力让其在搭配、风格上般配。

（七）遵守习俗

不同的地区、不同的民族，佩戴首饰的习俗有所不同。这种习俗是人们在一定时期形成的具有一定共性的衣着方式，包含特定的社会文化信息，服务人员需要了解并且尊重。

二、常见饰物的佩戴

佩戴饰物应遵守礼仪规范，它可以向对方传递某种信息，因此，饰物佩戴的方法十分重要。

（一）丝巾

视频：丝巾的系法

不管什么场合，利用飘逸、柔媚的丝巾稍做点缀，一下就能让你的穿着更有味道。挑选丝巾的重点是看丝巾的颜色、图案、质地和垂感。可以用丝巾调节脸部气息，如红色系可映得面颊红润；或是突出整体打扮，如衣深巾浅、衣冷色巾暖色、衣素巾艳。但佩戴丝巾要注意：如果脸色偏黄，不宜选用深红、绿、蓝、黄色丝巾；如果脸色偏黑，不宜选用白色、有鲜艳图案的丝巾。

图 2-9　丝巾（图片来源于网络）

（二）项链

项链是戴于颈部的环形首饰，在职场工作中，一般允许女性工作者佩戴项链，但应选择质地较轻、体积较小、精美细致的金项链或银项链，给人一种轻快、明亮并上档次的感觉。男性工作者通常不宜佩戴项链，即使因为信仰而佩戴，也必须藏于衣内，绝不允许显露在外。

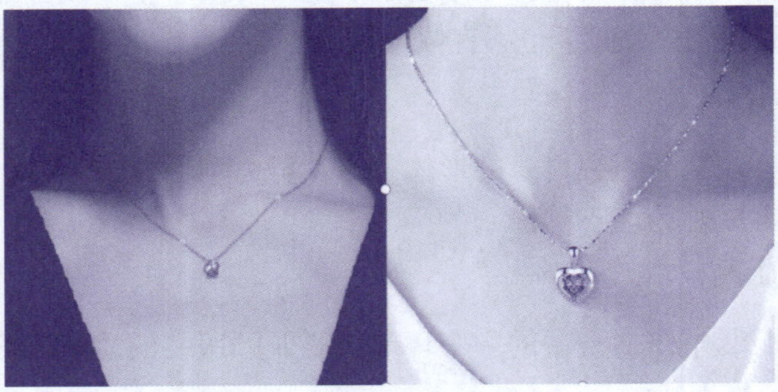

图 2-10　项链（图片来源于网络）

佩戴项链时，要与服装、颈部和肤色相协调。夏衣单薄，佩戴金、银、珠宝项链较美观。浅色的毛衫可佩戴深色或艳一些的宝石类项链；深色的毛衫可佩戴紫水晶或红玛瑙项链。项链的粗细应与脖子的粗细成反比，脖子较粗的人应选择较细的项链，脖子较细的人应选择较粗的项链。从长度上区分，项链可分为四种：一是短项链，适合搭配低领上装；二是中长项链，可广泛使用；三是长项链，适合用于社交场合；四是特长项链，适合在隆重的社交场合佩戴。

（三）耳环

耳环也叫耳坠，是女性耳垂的特殊饰物，种类繁多。一般情况下，女性职场服务人员可在工作中佩戴小巧而含蓄的耳钉。在佩戴耳环时要考虑个人的脸型和身材。圆形丰满脸型者，可以配上尖形的耳环，使脸看起来较细长；长脸型者，配上纽扣形的耳环，可使脸部显得较宽；椭圆形者，各式耳环皆可佩戴；方脸型者，可戴长圆或圆形设计的耳环，以减少棱角感。身材纤细瘦小的人应戴小巧秀气的耳环，如果戴大耳环会使人看起来头重脚轻；身材高大、脸型宽大的女性应戴大型的耳环，只有这样才能衬出大方的气质。另外，如果已戴有镶着碎钻的眼镜，或是打算佩戴好几串项链，最好不要再戴耳环，以免显得俗气。

图 2－11　耳环（图片来源于网络）

（四）戒指

戒指的戴法最为讲究，戴在不同手指上将传递给对方不同的信息。例如：按照惯例，戒指戴在食指上表示目前独身且觅偶，戴在中指上表示正在热恋，戴在无名指上表示已婚，戴在小指上表示持独身态度。戒指不可乱戴，也不可别有用心地暗示对方。戒指一般戴在左手上；如果戴在两只手上，要左右手对称。一只手不要戴两只以上的戒指。

（五）手镯、手链、手表

手镯、手链、手表佩戴时只能任选一样。手镯和手链的戴法有不同暗示：戴在右手腕，表示“我是自由的”；仅戴在左手腕或左右两手腕上同时佩戴，说明已婚。尽管很多人并没有意识到上述戴法的特殊意义，但若无意中戴错了，极有可能在交往中出现误会。另外，手镯或手链的戴法还要考虑各民族的习俗不同而有所区别。中国人习惯将手镯或手链戴在右手上，而一些西方人则习惯戴在左手上。一般而言，女性若佩戴了手镯或手链，就不宜戴手表了。

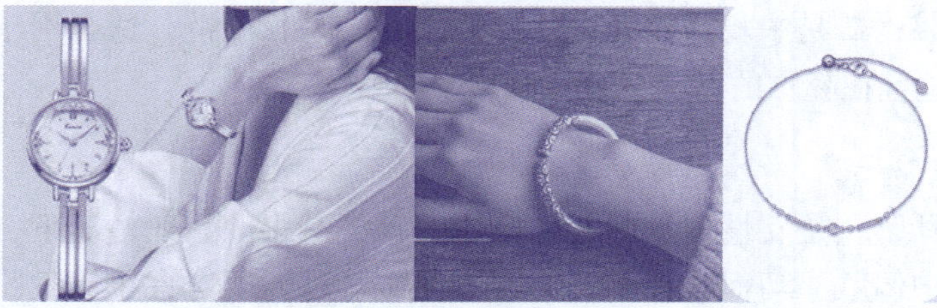

图 2-12　手表、手镯（图片来源于网络）

在交际场合，佩戴手表通常意味着时间观念强、作风严谨。在正规的交际场合，手表往往被看作首饰，也是一个人地位、身份、财富状况的体现。在正式场合佩戴的手表，造型上要庄重、保守，避免怪异、新潮，尤其是尊者、年长者更要注意。一般正圆形、正方形、长方形、椭圆形和菱形手表适用范围较广，也适合在正式场合佩戴。而那些新奇、花哨的手表造型，仅适合少女和儿童。广告表、卡通表等不宜出现在工作人员的手腕上。另外，在交际场合，特别是和别人交谈时，不要有意无意地看表，否则对方会认为你对交谈心不在焉或想结束谈话。

（六）胸针和胸花

胸针可别在胸前，也可别在领口、襟头等位置。胸针式样要注意与脸型协调：长脸型的人宜佩戴圆形胸针；圆脸型的人宜佩戴长方形胸针；方脸型的人宜佩戴圆形胸针。

胸花的佩戴有一定的讲究，应根据服装的色彩、面料、款式来选用。白色衣裙配以天蓝色或翠绿色胸花，会形成冷色调的协调美；红色衣裙配以黄色、本色胸花，会形成暖色调的和谐美。胸花一般都是别在西装外套的左领上，不过现在胸花别在右领也不算失礼。如果没有现成的扣眼可放，可将胸花置于西装领上，花梗垂直向下，对准鞋子的位置别好即可。

（七）包的搭配

男性用包一般都是公文包。适合外出或上班用的公文包，应注意其实用性。专为郊游、旅行或类似场合用的公文包，在选购时应选质地耐用、体积较大的。包是女性出席正式场合的重要饰物，应小巧、新颖、别致、协调，给人赏心悦目的感觉。包的颜色与款式要与季节、服装、场合、气氛相协调。一般而言，工作场合可使用颜色较暗、形状较方正的手提包；参加舞会或宴会，可使用颜色鲜艳的羊皮小包或缎面小包。

图 2-13　男士及女士用包（图片来源于网络）

（八）帽子、手套

帽子：从礼仪的角度讲，男性不允许在室内戴帽子，女性则可把帽子及其他用品作为礼服的一部分，允许在室内穿戴。

手套：和别人握手，不管冬夏，都要摘掉手套。女性握手，有时不用脱手套，但摘掉手套会显得更加有礼貌。

视频：职业装与整体搭配

知识拓展：耳环与脸型的搭配

育人园地

《三国演义》中凤雏庞统当初准备效力东吴，于是去面见孙权。孙权见到庞统相貌丑陋，心中先有几分不喜，又见他傲慢不羁，更觉不快。最后，这位广招人才的孙仲谋竟把庞统拒于门外，尽管鲁肃苦言相劝，也无济于事。后来庞统凭借自己的才华最终成为了与诸葛亮比肩齐名的奇才。“路遥知马力，日久见人心”，仅凭第一印象就妄加判断，“以貌取人”，往往会带来不可弥补的错误！无独有偶，美国总统林肯也曾因为相貌偏见拒绝了朋友推荐的一位才识过人的阁员。当朋友愤怒的责怪林肯以貌取人，说任何人都无法为自己的天生脸孔负责时，林肯说：“一个人过了四十岁，就应该为自己的面孔负责。”虽然林肯以貌取人是不对的，但我们却不能忽视第一印象的巨大影响作用，所以如果自己外在容貌不够出色的话就必须通过提高自身内在修养来塑造自己的形象，为将来的成功奠定基础，搭好台阶。

我国自古就是礼仪之邦，礼貌待人是任何一个文明社会，任何一个文明民族都十分注重的。因为文明礼貌是促进人际交往友好和谐的道德规范之一，是构建与他人和睦相处的桥梁。它标志着一个社会的文明程度，反映一个民族的精神面貌。中华民族历来就非常重视遵循礼规，礼貌待人。习近平同志每次乡村考察的时候，都会低调谦和与农民坐在一起，常常会握着普通老百姓的手询问日子过得好不好，有没有什么困难需要帮助解决，这种我将无我，不负人民的精神使得每一个中国公民在习总书记眼里都是平等的，没有高低贵贱之分，更不会以貌取人，只有真诚以待。

礼仪训练营

项目任务目标

1. 熟悉仪容要求。
2. 掌握面部化妆及盘发的程序和技巧。
3. 掌握职业着装和服饰的要求。
4. 做到理论和实践的有机结合，在工作中能正确塑造自己的形象。

一、任务场景训练

【场景设计一：职业妆容与发型】

序号	实训内容	实训要求	评价
1	检查仪容	全班按两人一组，分组检查	
2	化妆练习	学会化职业淡妆的基本步骤	
3	整理发型	按照职业要求整理发型	

【场景设计二：着装搭配】

序号	实训内容	实训要求	评价
1	练习领带打法	两人一组，进行训练	
2	情境一：工作场合	教师设计情境，学生进行模拟	
	情境二：社交场合		
	情境三：休闲场合		

【场景设计三：饰品的佩戴】

序号	实训内容	实训要求	评价
1	旅游工作不同岗位饰品的佩戴	全班分组搭配练习	
2	生活中饰品的佩戴	全班分组搭配练习	

实施指导

1. 通过训练，掌握职业妆容、发型以及着装规范；
2. 通过训练，懂得日常生活中饰品搭配要符合大学生身份；
3. 通过学生自评、互评，检验学生对知识的掌握程度。

二、综合测评

案例分析

某旅行社导游小梅下团后心情非常不好，因为游客对她的穿戴打扮提了意见。小梅那天接团前精心打扮了一番，做了个波浪式的发型，戴了一条金项链和一对钻石耳环，还有一条镶嵌宝石的手链，服装和手提包也都是名牌。她想："改革开放四十几年了，该让客人看看我们的生活水平了。"

到了机场，小梅就觉得团队的游客对她"视而不见"。出口处就只有她一个导游，可是客人还一个劲儿地东张西望，直到小梅打着旗子走过去问他们是哪个团的，他们才看了她一眼。上车以后，小梅发现大多数女客人都是斜着眼看她，眼睛眯眯的，嘴角往下拉，就好像她欠了她们什么似的。小梅开始导游解说时，无论是自我介绍，还是导游大赛得奖的沿途景观介绍，客人一点儿掌声也没有，一个个都把眼睛往车窗外面看。小梅心想："大概是太太们太厉害了，先生们的眼睛都不敢朝女导游身上看了。可是，那几位单身男士怎么也是毫无兴趣的样子呢？"

吃饭的时候，领队对小梅说："小姑娘，你打扮得太漂亮了，把客人都比下去了。明天最好把首饰换一换……"小梅心里不服气，她想："长得漂亮是爹妈给的，首饰、衣服是自己挣的，穿什么、戴什么还要你们来管吗？"

第二天，小梅换了一套更好的服装，还换了一条更好的项链，上面有一颗她从香港买回来的钻石。可是，不管小梅讲什么，客人们还是一声不响，只有领队重复集合时间的时候，客人才应了几声。

在送别游客的检票口，团长对小梅说："你的讲解很好，这几站就数你第一。不过，你的首饰也是数第一，太抢眼了。大家是出来旅游的，不是来看你的首饰的。如果你真的想好好展示自己，不如去做模特儿吧。我想，模特儿挣的钱要比导游多得多吧？"小梅当时气极了。后来，小梅对朋友小杨说了事情的经过，并问道："你说，真的是我错了吗？"

请分析：小梅的着装风格符合导游的身份吗？

知识检测

选择题

1. 正式场合，男性全身服装颜色最好不要超过（　　）种。

A. 2　　B. 3　　C. 4　　D. 5

2. 穿西装时，应穿（　　）。

A. 旅游鞋　　B. 皮鞋　　C. 布鞋　　D. 凉鞋

3. 领带的下端应（　　）。

A. 在皮带上缘处　　B. 在皮带上下缘之间

C. 在皮带下缘处　　D. 比皮带下缘略长一点

4. 以下不属于商务中的公务场合的是（　　）。

A. 办公室　　B. 商务会面　　C. 谈判　　D. 鸡尾酒会

5. 正式场合男性穿西装时，如果西装是深色的，则袜子的颜色应该是（　　）。

A. 白色的　　B. 深色的　　C. 浅色的　　D. 花色的

6. 佩戴首饰（　　）。

A. 越多越好　　B. 越少越好

C. 恰到好处，以少为佳　　D. 越贵重越好

技能训练

快速整理仪容仪表

女生：分组参加。在 10 分钟内完成标准职业仪容，要求发型标准，妆容精美，着装搭配标准、规范、细致。个人比赛用时最短的前 3 名将分别获得 2 分、1 分、0.5 分的附加分。考核标准见下表：

考核内容	分值	得分
职业着装搭配	5 分	
职业仪容	10 分	
发型整理	5 分	
附加分	0.5 ～ 2 分	

男生：分组参加。在 10 分钟内完成标准职业仪容，要求发型标准，着装搭配标准、规范、细致。个人比赛用时最短的前 3 名，将分别获得 2 分、1 分、0.5 分的附加分。考核标准见下表：

考核内容	分值	得分
仪容、仪表	10 分	
发型整理	10 分	
附加分	0.5 ～ 2 分	

三、21天礼仪习惯养成训练

形象礼仪21天习惯养成打卡

（一）承诺书

执行人承诺书

礼由心生，外化于形。我承诺将在今后的21天里坚持习惯养成打卡，心向美好，律己敬人，努力成为更好的自己。

承诺人：

镜子伙伴承诺书

我承诺在今后的21天里与__________成为镜子伙伴，彼此监督，彼此促进，心向美好，律己敬人，努力成为更好的自己。

镜子伙伴：

（二）21天打卡

打卡任务内容：练习职业妆容、盘发、职业着装搭配。

打卡任务方式：每天需按照职业妆容、发型和着装搭配的标准塑造职业化形象，融入工作生活中，并把每天的职业形象拍照记录，观察21天后的变化。

打卡开始时间：

打卡结束时间：

时间	日常	补卡	时间	日常	补卡	时间	日常	补卡
第1天			第8天			第15天		
第2天			第9天			第16天		
第3天			第10天			第17天		
第4天			第11天			第18天		
第5天			第12天			第19天		
第6天			第13天			第20天		
第7天			第14天			第21天		

（“日常”用太阳图示标记；“补卡”用笑脸图示标记。）

（三）感受与反思

____

____

____

____

（四）行动后的评价（满分 10 分）

自我评价：（　　）分。

表现很棒的方面______________________________

有待提升的方面______________________________

镜子伙伴评价：（　　）分。

表现很棒的方面______________________________

有待提升的方面______________________________

智能模型交互实践与知识拓展

智能模型

1. 豆包，链接：https://doubao.com

2. kimi，链接：https://kimi.moonshot.cn

应用场景

模块一　职业仪容修饰

大模型生成不同职业、场合下的妆容、发型设计效果图，针对不同肤质、脸型提供修饰建议，同时展示并分析错误妆容和发型示例。

模块二　职业着装规范

借助大模型展示各类职业装的款式、颜色搭配、面料选择要点，以及不同行业对着装的特殊要求，如医护、执法人员的着装规范等，并生成虚拟人物穿着不同职业装的展示图片。

模块三　服饰搭配技巧

大模型根据不同身材、气质、场合给出个性化服饰搭配方案，生成搭配好的全身效果图，提供经典搭配案例和时尚潮流趋势分析。

使用方式

学生输入“商务场合女性的最佳着装搭配”“如何根据肤色选择职业妆容色调”等问题，智能模型会以文字描述、图片示例等形式展示拓展知识。

第三单元

仪态礼仪

学习目标

1. 学会正确的站姿、走姿、坐姿、蹲姿等，并能够在职场服务工作中熟练运用。
2. 在职场服务工作中，能够使用得体的表情和微笑。
3. 在职场服务工作中，能够正确使用手势。

模块一 基本仪态

案例导入

一次，某公司招聘文秘人员，由于待遇优厚，应者如云。中文系毕业的小杨同学前往面试，她的背景材料可能是最棒的：大学四年中，在各类刊物上发表了 3 万字的作品，还为六家公司策划过周年庆典，英语表达也极为流利。小杨五官端正，身材高挑、匀称。面试时，招聘者拿着她的材料等她进来。小杨穿着迷你裙，用模特般的步子轻盈地走到一位考官面前，不请自坐，随后跷起了二郎腿，笑眯眯地等着问话。孰料，三位招聘者互相交换了一下眼色，主考官说："杨小姐，请下去等通知吧。"她喜形于色，给主考官抛了一个媚眼："好！"然后挎起小包飞跑出门。

思考：小杨应聘为什么会失败？她在仪态礼仪方面有什么问题？

知识导航

洒脱的风度和优雅的举止会给人留下深刻的印象。我们可以从一个人的仪态来判断其品格、学识、能力和其他方面的修养。在工作中，工作人员的情感流露和感情交流往往借助于各种姿态，这就是我们常说的体态语言。

视频：标准站姿

仪态的作用主要在于：

（1）良好的仪态是服务工作的基本要求，是礼貌服务的重要内容，是向游客表示尊重和友好的礼节礼貌，可以反映一个人的修养水平、受教育程度，有助于在人际关系中塑造良好的个人形象。

（2）良好的仪态是得体、优美的体态语言，可以向客人表达欢迎、尊重、真诚等意愿，满足他们对尊重和审美的需要，创造和谐、高雅的氛围，调节人际关系，增进友谊。

（3）良好的仪态可以使青年人的身体得到健康的发育。

一、站姿礼仪

站立是人们生活交往中一种最基本的仪态，它是指人在站立时呈现出的具体姿态。男性要求"站如松"，刚毅洒脱；女性则应秀雅优美，亭亭玉立。站姿是一个人礼仪修养的最基本要求，优美的站姿是保持良好体型的秘诀，是训练其他优美体态的基础，也是服务接待工作中最基本的举止。正确、规范的站姿能使客人感受到职场服务人员对他们的尊重，也能减少工作人员的体力消耗，以保证工作的安全。

（一）基本要求

一般而言，标准的站姿关键要看三个部位：一是髋部向上提，脚趾抓地；二是腹肌、臀肌收缩上提，前后形成夹力；三是头顶上悬，肩向下沉。只有这三个部位的肌肉力量相互制约，才能保持标准站姿。标准的站姿从正面观看，全身笔直，精神饱满，两眼平视，表情自然，两肩平齐，两臂自然下垂，两脚跟并拢，两脚尖张开 60°，身体重心落于两腿正中；从侧面看，两眼平视，下颌微收，挺胸收腹，腰背挺直，双手中指贴裤缝，整个身体庄重挺拔。采取这种站姿，不仅会使人看起来稳重、大方、俊美、挺拔，还可以帮助呼吸、改善血液循环，并在一定程度上缓解身体的疲劳。

（二）站姿分类

1. 正规式站姿

正规式站姿是抬头、目视前方、挺胸立腰、肩平、双臂自然下垂、收腹、双腿并拢直立、脚尖分开呈 V 字形、身体重心放到两脚中间（男性也可两脚分开，比肩略窄，将双手合起，放在腹前或背后）。

图 3－1 正规式站姿

2. 叉手式站姿

叉手式站姿即两手在腹前交叉，右手搭在左手上直立。这种站姿，男性可以两脚分开，距离不超过 20 厘米；女性可以用小丁字步，即一脚稍微向前，脚跟靠在另一脚内侧。除保持正确的站姿外，男性还可以两脚分开，比肩略窄，将双手合起放于腹前；女性可以双腿并拢，脚尖分开呈 V 字形，双手合起放于腹前。这种站姿端正中略带自由，郑重中略带放松。在站立时，身体重心还可以在两脚间转换，以减轻疲劳，这是一种常用的接待站姿。

图3-2　叉手式站姿

相对于男性叉手式站姿，女性叉手式站姿变化更多，可根据不同场合，演化出腰际式、交流式站姿。腰际式站姿，是在基本站姿的基础上，双手叠放于腰际，两脚呈八字步或丁字步，这样的站姿在迎宾时经常用到，如在颁奖礼上就多用此站姿。交流式站姿，是在基本站姿的基础上，双手轻握放于腰际，手指自然弯曲，两脚呈八字步或丁字步，此站姿较轻松随意，多用于与客人面对面沟通，更为自然。

3. 背手式站姿

背手式站姿即双手在背后交叉，右手放在左手外面，贴在两臀中间。两脚可分开也可并列，分开时，不得超过肩宽，脚尖展开，两脚夹角成60°，挺胸立腰，收颌收腹，双目平视。这种站姿优美中略带威严，易产生距离感，所以一般用于安保人员。如果两脚改为并立，则突出了尊重的意味。

图3-3　背手式站姿

4. 背垂手式站姿

背垂手式站姿即一手背在后面，贴在臀部，另一手自然下垂，手指自然弯曲，中指对准裤缝，两脚可以并拢、可以分开，也可以成小丁字步。这种站姿多为男性所用，显得大方、自然、洒脱。

以上这几种站姿若在日常工作生活中适当地运用，会给人以挺拔俊美、庄重大方、舒展优雅、精力充沛的感觉。但要避免僵直硬化，肌肉不能太紧张，在站立的同时可以适宜地变换姿态，追求动感美。

（三）注意事项

（1）正式场合站立时，不要双手插兜、叉腰，双手交叉抱在胸前或脑后，否则容易给人留下傲慢无礼的感觉。

（2）站立时，忌身体倚靠在桌、椅、门或墙上，不应东倒西歪、两脚间距过大、耸肩驼背、左摇右晃，会给人一种自由散漫、萎靡不振的感觉。

（3）要避免下意识地做小动作。如果双手玩弄衣角、发辫、咬手指甲、碰触鼻子等，会给人一种拘谨、缺乏自信而且有失仪表庄重的感觉。

小案例

在人们的印象中，明星们似乎总是光彩照人、气质高贵。其实，这在很大程度上得益于他们优雅的仪态。如果仪态上稍有不慎，立刻就会“原形毕露”，让人大跌眼镜。某女星在参加时装学院庆典时，一袭黑白相间的泡泡长裙抢尽了风头，但更受人关注的却是她那双大煞风景的“内八字脚”。这样的不雅站姿曾经多次出现，无疑让这位当红明星的优雅大打折扣。

二、坐姿礼仪

坐姿是一种静态造型，端正优美的坐姿会给人文雅、稳重、大方的感觉。职场服务人员的坐姿应端正、稳重、亲切、自然，给宾客舒适感。

（一）基本要求

1. 入座要求

入座时首先要考虑入座的顺序，按照年龄、地位的高低分别入座。入座时要轻、稳、缓。一般从左侧走到自己的座位前，转身后把右脚向后撤半步；坐下时要轻、稳，身体重心徐徐垂直落下，臀部接触椅面要轻，避免发出声响；然后把左脚与右脚并齐。如果椅子位置不合适，需要挪动椅子的位置，应当先把椅子移至欲就座处，然后入座。坐在椅子上移动位置，是有违社交礼仪的。女性着裙装入座时，应用双手将裙子的后片向前拢一下，以显得娴雅端庄。

视频：坐姿

图 3-4　女性入座时的动作要领

2. 落座要求

（1）头部端正。坐定时要求头部端正，可以扭动脖子，但不能歪头；眼睛正视交谈对方，或者目视前方，目光柔和，表情自然亲切。

（2）上半身挺直。上半身自然挺直，两肩平正放松，两臂自然弯曲，两手既可以放在大腿上，也可以放在椅子或沙发扶手上，掌心一定要向下。

（3）下半身稳重。两腿自然弯曲，两脚平落地面，通常以坐满椅子的2/3为宜。在正规场合，上身与大腿、大腿与小腿，均应当为直角，即正襟危坐。

3. 离座要求

离座时应注意礼仪序列，优先尊长或与之同时起立。不要突然跳起，惊吓他人，也不要因不注意而弄出声响，或把身边的东西弄到地上。离开座位时动作要轻缓，右脚向后收半步，然后站起，从座位的左侧离开，并且一定要记得随手把椅子摆放到原来的位置，显示出良好的教养。

小案例

李华和张伟是同一所职校的应届毕业生，二人在专业技能上都是名列前茅，而当用人单位来学校面试时，二人的结果却大相径庭。李华打扮适中、言谈得体，但是一坐下就会不自觉地跷起二郎腿，给人放荡不羁的感觉。张伟由于临时接到通知，没有时间装扮自己，在和招聘人员解释后就开始了面试。张伟坐下后，双腿微微合拢，双手放在腿上，上身挺拔端正。如此良好的坐姿给面试官留下了谦逊、严谨的印象，这也为张伟赢得了宝贵的工作机会。

（二）坐姿分类

1. 女式坐姿

（1）正襟危坐式：双腿垂直于地面，双脚的脚跟、膝盖至大腿处都需要并拢在一起，双手自然放在双腿上，这是正式场合的基本坐姿，可以给人留下诚恳、认真的印象。

（2）双腿叠放式：上下交叠的膝盖不可分开，两腿交叠呈一条直线。双脚放置的方法可视座椅的高矮而定，既可垂直，也可与地面呈 45° 斜放。脚尖不可跷起，更不应直对他人。采用这种坐姿时，切勿双手抱膝，更不能分开两膝。

（3）双腿斜放式：坐在较低的椅子或沙发上，最好采用这种坐姿。双腿并拢后，双脚同时向右侧或左侧斜放，并与地面形成 45° 夹角。采用这种坐姿，身体会呈现优美的 S 形曲线。必须注意两膝不能分开，小腿之间也不要有距离。

（4）双脚交叉式：双腿并拢，双脚在脚踝处交叉之后略向左侧或右侧斜放。坐在主席台、办公桌后面或公共汽车上时，采用这种坐姿比较自然。

正襟危坐式

双腿叠放式

双腿斜放式

双脚交叉式

图 3－5　女士坐姿

2. 男式坐姿

（1）正襟危坐式：双手呈八字形放置于腿上，两腿稍分开，不要超过肩宽。

（2）重叠式：右腿叠放在左膝上部，右小腿内收贴向左腿，脚尖下点。但这种坐姿不适合在长辈和领导面前使用。

正襟危坐式

重叠式

图 3－6　男士坐姿

（三）注意事项

1. 就座时的不良习惯

（1）脊背弯曲、耸肩驼背。

（2）瘫坐在椅子上或前俯后仰，摇腿跷脚，脚跨在椅子或沙发的扶手上，架在茶几上。

（3）上身趴在桌椅上或本人的大腿上。

（4）双脚大分叉或呈八字形，女士就座不可跷二郎腿，要把双膝靠紧。

（5）脱鞋或两鞋在地上蹭来蹭去。

（6）坐下时手中不停地摆弄东西，如头发、戒指、手指等。

2. 坐姿中腿的不当表现

（1）双腿叉开过大。双腿如果叉开过大，不论大腿叉开还是小腿叉开，都非常不雅。特别是身穿裙装的女士更不要忽略这一点。

（2）架腿方式欠妥，坐后将双腿架在一起。正确的方式应当是两条大腿相架，并且一定使两腿并拢。如果把一条小腿架在另一条大腿上，两者之间还留出大大的空隙，就显得有些放肆了。

（3）双腿直伸出去。那样既不雅，也妨碍别人。身前如果有桌子，双腿尽量不要伸到外面来。

（4）将腿放在桌椅上。有人为了舒服，喜欢把腿架在高处，甚至抬到身前的桌子或椅子上，这样的行为是非常粗野的。把腿盘在座椅上也不妥。

（5）腿部抖动摇晃。坐在别人面前，反反复复地抖动或摇晃自己的腿部，不仅会让人心烦意乱，而且也给人以极不安稳的印象。

3. 坐姿中脚的不当表现

（1）脚尖指向他人。不管具体采用哪一种坐姿，都不以本人的脚尖指向别人，因为这一做法是非常失礼的。

（2）脚尖高高翘起。坐下后，如以脚部触地，通常不允许以脚跟接触地面，将脚尖翘起。如若双脚都这样，则更是一种严重的违规行为。

（3）脚蹬踏他物。坐下来脚要放在地上，如果用脚在别处乱蹬乱踩，是非常失礼的。

（4）以脚自脱鞋袜。脱鞋脱袜，属于“卧房动作”，在外人面前就座时用脚自脱鞋袜，显然有损形象。

4. 坐姿中手的不当表现

（1）手触摸脚部。在就座以后用手抚摸小腿或脚部是极不卫生又不雅观的。

（2）双手抱在腿上。双手抱腿，本是一种惬意、放松的休息姿势，在工作之中是不可取的。

（3）将手夹在腿间。有人坐下来之后，习惯将双手夹在两腿之间，这一动作会令其显得胆怯或害羞。

（4）手部支于桌上。用双肘支在前面的桌上或上身伏在桌上，对周围的人显然不够礼貌。

三、走姿礼仪

走姿文雅、端庄不仅给人沉着、稳重、冷静的感觉，而且可以展示自己的气质与修养。

走姿的规范标准是：双臂以大关节带动小关节，手臂伸直放松，手指自然弯曲。摆动时，要以肩关节为轴，上臂带动前臂。向前摆动时，手臂摇摆呈直线，肘关节略屈，前臂不要向上甩动。向后摆动时，手臂外开不超过前 30°、后 15°，前后摆动的幅度为 30 ～ 40 厘米。上体前屈，提髋、屈大腿，带动小腿向前迈。脚尖略分开，脚跟先接触地面，依靠后腿将身体重心送到前脚脚掌，使身体前移。这样的走姿轻巧、自如、稳健、大方。

为了避免膝关节前屈、臀部向后撅的不雅姿态，行走时一定要把踝关节、膝关节、髋关节挺直，只有这样才能保持挺拔向上的形体。行走时，步幅不宜过大，每一步要走实、走稳，只有这样步态才会有弹性并富有美感。

（一）女性走姿的基本要求

女性穿裙装时，步幅不宜太大，一般以一脚为宜；两脚内侧要落到一条线上，脚

视频：女士走姿

尖略向外开，手臂自然摆动，幅度也不宜过大，胯部可随着脚步和身体的重心移动而稍左右摆动，体现出柔和、含蓄、典雅的风格。女性穿高跟鞋时，由于鞋跟较高，身体重心自然前移，为了保持身体平衡，必须挺胸、收腹、提臀，膝盖绷直，全身有提拔向上的感觉；行走时步幅不宜过大、膝盖不要过弯，两腿并拢，两脚内侧落到一条线上，脚尖略向外开，足迹形成柳叶状，俗称“柳叶步”。女性每分钟宜行走 118 ～ 120 步。

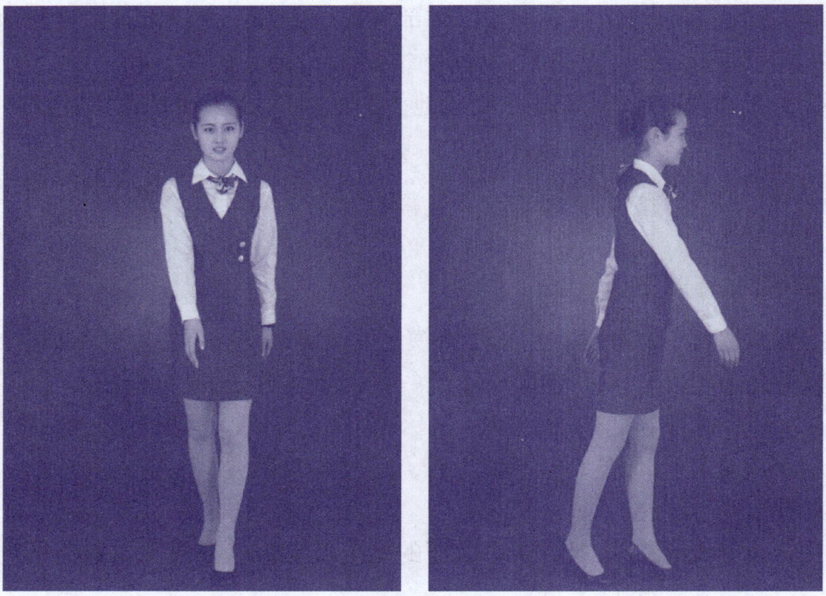

图 3－7　女性走姿示范

（二）男性走姿的基本要求

视频：男士走姿

男性穿西服时，要注意保持身体挺拔、后背平正，走路的步幅可略大些，一般以一脚半为宜。男性应注意两脚间夹一条直线行走，手臂自然放松、伸直摆动，手势要简洁、大方，步态要舒展、矫健。男性每分钟宜行走 108 ～ 118 步。

四、蹲姿礼仪

蹲姿在工作和生活中用得相对不多，但最容易出错。人们在拿取低处的物品或拾起落在地上的东西时，不妨使用下蹲和屈膝的动作，这样可以避免弯曲上身和撅起臀部。尤其是着裙装的女性下蹲时，稍不注意就会露出内衣，很不雅观。

（一）基本要求

（1）站在所取物品的旁边，蹲下屈膝去拿，抬头挺胸，再慢慢地将腰部放下。

（2）两腿合力支撑身体，掌握好身体的重心，臀部向下。

（3）蹲下时要保持上身挺拔，表情自然。

保持正确的蹲姿需要注意三个要点：迅速、美观、大方。若用右手捡物品，可以先走到物品的左边，右脚向后退半步后再蹲下来。脊背保持挺直，臀部一定要蹲下来，避免弯腰翘臀的姿势。男性两腿间可留有适当的缝隙，女性则要两腿并紧，穿旗袍或短裙时需更加留意，以免尴尬。

（二）蹲姿分类

1. 高低式蹲姿

视频：高低式蹲姿

下蹲时，左（右）脚在前，右（左）脚稍后（不重叠），两腿靠紧向下蹲，左（右）脚全脚着地，小腿基本垂直于地面，右（左）脚脚跟提起，脚掌着地。右（左）膝低于左（右）膝，右（左）膝内侧靠于左（右）小腿内侧，形成左（右）膝高、右（左）膝低的姿态，臀部向下。基本上以膝低的腿支撑。男士多选用高低式蹲姿。下蹲时，两腿之间可有适当距离。

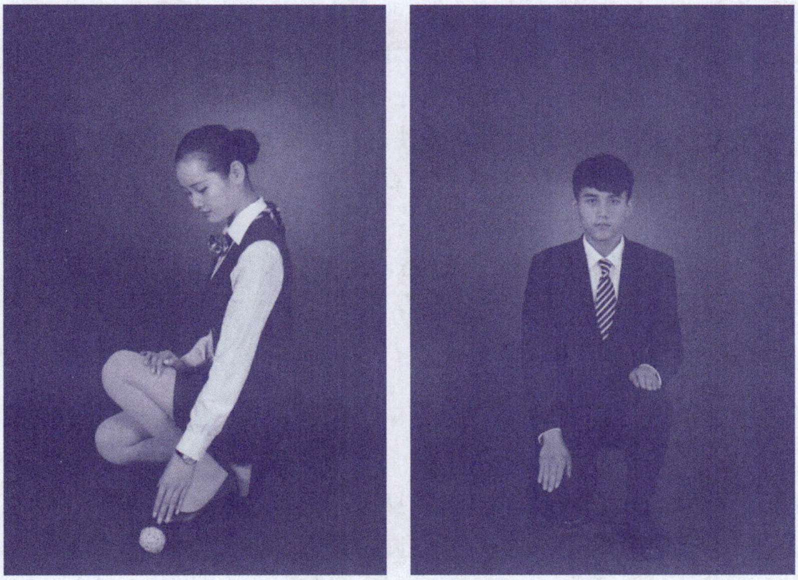

图 3－8　高低式蹲姿

2. 交叉式蹲姿

视频：交叉式蹲姿

下蹲时，右（左）脚在前，左（右）脚在后，右（左）小腿垂直于地面，全脚着地，左（右）腿在后与右（左）腿交叉重叠，左（右）膝由后面伸向右（左）侧，左（右）脚跟抬起，脚掌着地，两腿前后靠紧，合力支撑身体。臀部向下，上身稍前倾。因女士穿裙装较多，多选用交叉式蹲姿，显得更为优雅得体。

图 3-9　交叉式蹲姿

小案例

王丽即将毕业，今天她要去参加一家企业的面试。为了给考官留下干练的印象，她特意选择了高腰衬衣和裙子。由于面试的人较多，等待的时间很长，考场外许多等待面试的人都站得腰酸背痛了，有的干脆直接蹲在一个角落等待。王丽觉得蹲着不雅，还是一直坚持站着等待。这时，她看见一位先生经过时，不慎将手中的资料掉在地上了，她一边大声招呼"先生您东西掉了"，一边大大咧咧地快步走到资料旁弯腰去捡，结果因为衣服太短，后背露了出来。在面试时，王丽发现刚才这位先生刚好是主考官，她因为刚才的失态而感到非常尴尬。

（三）蹲姿的注意事项

（1）不要突然下蹲。蹲下来的时候，不要速度过快。当自己在行进中需要下蹲时，要特别注意这一点。

（2）不要离人太近。在下蹲时，应和身边的人保持一定的距离。和他人同时下蹲时，更不能忽略双方的距离，以防彼此"迎头相撞"或发生其他误会。

（3）不要方位失当。在他人身边下蹲时，最好是和他人侧身相向。正面他人，或者背对他人下蹲，通常都是不礼貌的。

（4）不要毫无遮掩。在大庭广众下，尤其是身着裙装的女士，一定要避免下身毫无遮掩的情况，特别是要防止大腿叉开。

（5）不要蹲在凳子或椅子上。有些人有蹲在凳子或椅子上的生活习惯，但在公共场合这么做是不能被接受的。

总之，下蹲时一定不要有弯腰、臀部向后撅起的动作；切忌两腿叉开，两腿展开平衡下蹲，以及下蹲时，露出内衣裤等不雅的动作，以免影响姿态美。因此，当要捡起落在地上的东西或拿取低处物品的时候，不可有只弯上身、翘臀部的动作，而是首先走到要捡或拿的东西旁边，再使用正确的蹲姿，将东西拿起。

图 3－10 不雅蹲姿

知识拓展：不良身体姿态的矫正

模块二

面部表情

案例导入

某日华灯初上，一家饭店的餐厅里客人满座，服务员来回穿梭于餐桌和厨房之间，一派忙碌景象。这时一位服务员跑去向餐厅经理汇报，说客人投诉有盘海鲜菜中的蛤蜊不新鲜，吃起来有异味。

这位餐厅经理自信颇有处理此类问题的本领和经验，于是不慌不忙地向投诉的客人走去。一看，那不是熟主顾老食客张经理嘛！他不禁心中有了底，于是迎上前去一阵寒暄：“张经理，今天是什么风把您给吹来了？听服务员说蛤蜊不大对您的胃口……”这时张经理打断他说：“并非对不对胃口，而是我请来的香港客人尝了蛤蜊后马上讲这道菜千万不能吃，有异味，变了质的海鲜吃了非出毛病不可！我可是东道主，自然要向你们提意见。”餐厅经理接着面带微笑地向张经理解释，蛤蜊不是鲜货，虽然味道有些不纯正，但吃了不会有问题的，希望他和其他客人谅解包涵。

不料此时，在座的那位香港客人突然站起来，用手指指着餐厅经理的鼻子大骂起来：“你还笑得出来，我们拉肚子怎么办？你应该负责任，不光是为我们配药、支付治疗费而已。”这突如其来的兴师问罪，使餐厅经理一下子怔住了！他脸上的微笑一下子变成了哭笑不得。到了这步田地，他揣摩着如何下台阶，心想：总不能让客人误会刚才我面带微笑的用意吧，又何况微笑服务是饭店员工首先应该做到的。于是他仍旧微笑着准备再做一番解释，不料，这次的微笑惹得那位香港客人更加恼火，甚至流露出想动手的架势，幸亏张经理及时拉拉餐厅经理的衣角，示意他赶快离开现场，否则简直难以收场了。

事后，这一“微笑”终于使餐厅经理悟出了一些道理来。

思考：餐厅经理出现错误的主要原因是什么？如果你是餐厅经理，你会如何做？

知识导航

面部表情是人际交往中相互沟通的形式之一。礼仪的情感表达是指人们在讲究礼节时，内心情感在面部上的折射和反映。在接待工作中，工作人员要善于使用表情，以便更好地与宾客交流和沟通，为客人提供满意的服务。

一、微笑

微笑是一门学问，又是一门艺术。微笑是友善、和蔼、谦恭、融洽、真诚等美好感情的表现，是社交场合最富有吸引力、最具有价值的面部表情。职场服务人员在工作中应做到微笑迎客、微笑服务、微笑送客，他们的微笑是服务质量的重要体现，同时对企业赢得好的经济效益和社会效益起着十分重要的作用。美国希尔顿集团董事长康纳·希尔顿在50多年里不断地到设在世界各国的希尔顿酒店视察，视察中他经常问下级的一句话是：“你今天对客人微笑了没有？”

（一）微笑的要求

1. 把握微笑的时机

知道什么时候展现笑容是最重要的。应该在与客人目光接触的瞬间就展现出动人的微笑，这是友好的表达；反之，如果与人对视，面无表情，则会传达出厌恶、冷漠、敌视的感觉。

2. 把握微笑的层次变化

在交往过程中，微笑的程度要有所变化，要保持微笑，但要收放有度。微笑的层次有很多种，有浅浅一笑、眼中含笑、热情微笑、开朗微笑。在什么时候用什么样的微笑是不可能也不应该用具体的标准来制定的，要根据交往过程中的交流情况和个人特点自然、随机地变化。

3. 注意微笑维持的时长

有人认为，微笑的最佳时长以不超过 3 秒钟为宜，时间过长会给人留下假笑或不礼貌的感觉。微笑的开始、闭合动作要自然，切忌突然开始笑或突然收紧表情。这种对于微笑时间的规定似乎过于强调技术化，但是相对于一次微笑保持十几分钟来说，已经是非常人性化了。实际上，在微笑的开始和结束的过程中也蕴含着微笑的表情，并不是只有 3 秒钟的表情是微笑的。

4. 微笑要适地、适度、适时

微笑是人际交往中最常用的非语言沟通方式，但在某些场合中，微笑是不合时宜的表情。例如：在严肃庄重、悲痛伤感的场合不应该流露出微笑的表情，而应该与周围环境和气氛保持一致。非语言沟通是对自己和他人、对社会生活中的人际关系、对周围环境和气氛的一种尊重，只有融入环境和气氛之中，做出有针对性的反应，才是礼貌的表现；反之，则会引起周围人的反感和不快，或引起不必要的误会。

（二）微笑训练方法

训练微笑，首先，微笑要发自内心，无任何做作之态，防止虚伪的笑。微笑真诚，表情才显得亲切自然，与你交往的人才能感到轻松愉快。其次，要适当借助技术方面的辅助训练，通过眼神、眉毛、嘴巴、表情等方面的动作协调完成。

视频：微笑

技术性训练主要有以下步骤：

第一步，念"一"。因为人们微笑时嘴角两端向上翘起，所以练习时，为使双颊肌肉向上抬，口里可念着普通话的"一"字音，用力抬高嘴角两端，但注意下唇不要用力太大。

第二步，口眼结合。眼睛会"说话"，也会笑，如果内心充满温和、善良和厚爱，那笑容一定非常感人，强装笑容是不美的。要学会用眼睛的笑与交往对象交流。眼睛的笑，一是"眼形笑"，二是"眼神笑"，这也是可以练习的：取一张厚纸遮住眼睛下边部位，对着镜子，心里想着最使你高兴的情境，鼓动起双颊，嘴角两端做出微笑的口型，这时你的眼睛便会露出自然的微笑；然后放松面肌，嘴唇也恢复原样，可目光仍旧含笑脉脉，这是眼神在笑。学会用眼神与客人交流，这样的微笑才会更传神、亲切。

第三步，笑与语言结合。微笑着说出"早上好""您好""欢迎光临"等礼貌用语。

第四步，习惯养成综合训练。

（1）平日基本功训练。

①空闲时间，每个人准备一面小镜子，做脸部运动。

②配合眼部运动。

③做各种表情训练，活跃脸部肌肉，使肌肉充满弹性；丰富自己的表情仓库；充分表达思想感情。

④观察、比较哪一种微笑最美、最真、最善，最让人喜欢、接近、回味。

⑤每天早上起床后训练。

⑥出门前，进行心理暗示：“今天我真美，真高兴。”

（2）创设环境训练。假设一些场合、情境，让同学们调整自己的角色，绽放笑脸。

（3）微笑服务训练。在课外或校外参加礼仪迎宾活动和招待工作。

（4）具体社交环境训练。遇见每一个熟人或打交道的人都展示自己最美的微笑。

二、目光

眼睛被称为“心灵的窗户”，这是因为心灵深处的奥妙常常会自然而然地从眼神中流露出来。印度诗人泰戈尔说：“一旦学会了眼睛的语言，表情的变化将是无穷无尽的。”这说明，眼睛语言的表现力是极强的，是其他行为举止无法比拟的。炯炯有神的眼睛会给人感情充沛、生机勃勃的感觉；目光呆滞、表情麻木，则会给人留下疲惫、厌倦的印象。人与人之间交流时，目光的交流总是处于最重要的地位。不同场合与不同情况，应运用不同的目光。在与人交谈时，应当不断地通过各种目光与对方交流，调整交谈的气氛。一个人在正确运用目光语言的同时，还应当学会“阅读”对方目光语言的方法。

因此，服务人员应该学会正确地使用目光进行交流，用目光来表达自己的意愿、情感，并学会从客人的目光中了解客人的意图。

（一）接触时间

与人交谈时，视线接触对方脸部的时间应该占全部谈话时间的30%～60%。超过这一数值被看作对谈话者和谈话内容非常感兴趣，低于这一数值则说明对谈话者和谈话内容都不感兴趣，因此要把握好接触时间。长时间凝视对方会被认为是对私人空间或势力范围的侵犯，是不礼貌或挑衅的行为；完全不看对方，则会被认为是自高自大、傲慢无礼的表现，或者试图去掩饰什么，如空虚、慌张等。

（二）停留部位

与人交谈时，目光应该注视着对方，但应使目光限定于上至对方额头、下至对方衬衣的第二粒纽扣以上、左右以两肩为准的范围内。在这个范围内，一般有3种注视方式：

公务注视：一般用于洽谈、磋商等场合，注视的位置在对方的双眼与额头之间的三角区域。

社交注视：一般用于社交场合，如舞会、酒会，注视的位置在对方的双眼与嘴唇之间的三角区域。

亲密注视：一般在亲人、恋人、家庭成员等亲近的人之间使用，注视的位置在对方的双眼和胸部之间。

公务注视　　　　社交注视

图 3－11　注视方式

服务人员和客人之间是一种社交关系，他们之间的目光交流应停留在社交注视阶段。在与客人交往时，需要注意以下几个方面：

（1）与客人初次见面时，应行注目礼，头部轻轻一点，就可以表示尊敬和礼貌了。

（2）与客人交谈时，应注意始终保持和客人目光的接触，显示出你对你们之间的谈话有兴趣，千万别左顾右盼。随着你和客人之间谈话内容的转换，眼神和面部表情也应做出相应的变化，不要让客人觉得你在敷衍了事。

（3）面对众多的客人讲话时，要先用目光扫视全场，提醒大家注意——“我要开始讲话了”。

（三）“阅读”客人目光

在正确运用自己目光的同时，还要学会“阅读”客人的目光，从对方的目光变化中分析其内心活动和意向。

（1）当客人的目光长时间地与你终止接触或者游移不定时，表示客人对你们交谈的内容不感兴趣，应尽快结束谈话。

（2）当客人左顾右盼或不停地看手表时，表示客人可能有急事要提前离开。

（3）与客人交谈时，目光紧盯，表示疑虑；偷眼相觑，表示窘迫；瞪大眼睛，表示惊讶；等等。

（四）眼神类型

1. 正视

正视对方，是一种最基本的礼貌。正视，即与对方正面相对，同时将上身前部朝向对方。如若对方在自己身体的一侧，也要将上身和面部转向客人。

2. 平视

平视对方，是服务人员工作中最常规的一种要求。平视，即在注视对方时，身体与其处于相似的高度。平视与正视相似，但不完全相同，亦不矛盾。我们在正视对方的时候，往往要求平视对方，这样可以表示出双方的平等地位和自己的不卑不亢。

知识拓展：微笑诗

3. 仰视

仰视，即在注视对方时，本人所处的位置较对方低，需要抬头向上仰望对方。在仰望对方时，可以使对方感到受到了重视。与仰视相反的是俯视，俯视对方往往带有自高自大之意，所以在服务沟通时应避免使用俯视。

模块三 手势运用

案例导入

某五星级饭店的西餐厅来了一位俄罗斯客人，服务员小张为其提供了热情周到的服务，但还是被客人投诉了。小张向经理问明投诉缘由才知道，原来是客人在点单时，他为了表示“好的，没有问题”就做了一个“OK”的手势。

思考：你知道为什么小张做了“OK”的手势却被客人投诉吗？

知识导航

手势是最丰富、最有表现力的体态语言。在日常生活中，人们借助于各种手势来表达个人思想和感情。工作人员适当地运用手势语，既能增加表达的形象性，又能增强感情。使用手势时应符合国际规范、国内规范和服务规范。

一、手势基本规范

五指伸直并拢，腕关节伸直，手与前臂形成直线，以肘关节为轴，肘关节既不要成90°也不要完全伸直，弯曲135°为宜，掌心向斜上方，手掌与地面成45°角，身体稍前倾，肩压下，眼睛随手走。在引路、指示方向等时，应注意手指自然并拢，掌心向上，以肘关节为支点，指示目标；切忌伸出食指来指点。

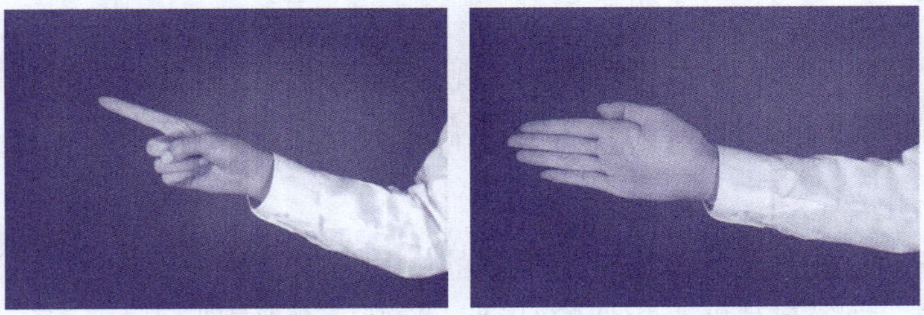

错误手势　　正确手势

图3－12　引路、指示方向手势示意

小案例

小王是一名新导游，工作热情高涨，每次带团都认真准备旅游接待工作。在一次带团中，小王笑容可掬地站在车门旁边迎候游客们上车，并按惯例开始清点人数："1、2、3、4……"小王轻轻念着的同时，用手指点数游客。游客很准时，没有迟到的。在旅游过程中，虽然小王的旅游知识很丰富，服务也很周到，但是他发现游客们还是有点不对劲。小王百思不得其解，向经验老到的导游请教后才茅塞顿开。

二、指引手势

视频：手势礼仪

（一）横摆式

迎接来宾做"请进""请"时常用横摆式。其动作要领如下（以右手为例）：将五指伸直并拢，手心不要凹陷，手与地面呈45度角，手心向斜上方。右手从腹前抬起，向右横摆到身体的右前方。腕关节要低于肘关节。站成右丁字步或双腿并拢，左手自然下垂或背在后面。头部和上身向伸出手的一侧微微倾斜，目视宾客，面带微笑，表现出对宾客的尊重与欢迎。

（二）曲臂式

当一只手拿着东西、扶着电梯门或房门，同时要做出"请"的手势时，可采用曲臂手势。以右手为例：五指伸直并拢，从身体的侧前方向上抬起，至上臂离开身体的高度，然后以肘关节为轴，手臂由体侧向体前摆动，摆到手与身体相距20厘米处停止，面向左侧，目视来宾。

（三）斜摆式

斜摆式手势一般用于接待宾客入座时使用。其具体做法是：先将椅子拉出，然后一手在前，一手在后，掌心向上，以肘关节为轴，前臂由上至下摆动，使手臂向下成一条斜线，面带微笑请客人入座。

（四）双臂横摆式

当举行重大庆典活动时，接待较多来宾做"诸位请"或指示方向的手势时多采用双臂横摆式。其做法是：两手从身体两侧经过腹前抬起，掌心向上，双手重叠，两肘微屈，向两侧摆出，上身略向前倾。

三、递送物品手势

（一）递送物品时应注意的问题

递送物品时以双手递物于人最佳，不方便双手并用时也要采用右手，以左手递物被视为失礼之举；递给他人的物品，以直接交到对方手中为好。若双方相距过远，递物者应主动走近接物者。在递物于人时，应当为对方留出便于接取物品的地方，不要让其感到接物时无从下手。将带有文字的物品递于他人时，还须使之正面面对对方；将带尖、带刃或其他易伤人的物品递于他人时，切勿将尖、刃直接指向对方，合乎礼仪的做法是使其朝向自己或是朝向他处。

图 3－13　手势的种类

（二）接取物品时应注意的问题

接取物品时应当目视对方，而不要只顾注视物品。一定要用双手或右手，绝不能单用左手。必要时，应当起身而立，并主动走近对方。当对方递过物品时，再以手前去接取，切勿急不可耐地直接从对方手中抢取物品。

四、运用手势礼仪应注意的问题

（1）在交往中，手势不宜过多，动作不宜过大，切忌“指手画脚”或“手舞足蹈”。

（2）打招呼、致意、告别、欢呼、鼓掌属于手势范畴，应该注意其力度大小、速度快慢、时间长短，不可过度。鼓掌是表示欢迎、祝贺、赞许、致谢等的礼貌举止。鼓掌的标准动作应该是用右手掌轻拍左手掌的掌心，鼓掌时不应戴手套，宜自然，切忌为使掌声大而使劲鼓掌，应随自然终止。

（3）在任何情况下都不要用大拇指指自己的鼻尖或用手指指点他人。谈到自己时应用手掌轻按自己的左胸，会显得端庄、大方、可信。用手指指点他人是不礼貌的。

（4）一般认为，掌心向上的手势有诚恳、尊重他人的含义；掌心向下的手势意味着不坦率、缺乏诚意等。攥紧拳头暗示进攻和自卫，也表示愤怒。伸出手指来指点，是要引起他人的注意，含有教训人的意味。因此，在介绍某人、为某人引路、请人做某事时，应该掌心向上，以肘关节为轴，上身稍向前倾，以示尊敬。这种手势被认为是诚恳、恭敬、有礼貌的。

（5）有些手势在使用时应注意区域和各国不同习惯，不可以乱用。因为各地习俗迥异，相同的手势表达的意思不仅有所不同，而且有的大相径庭。

（6）日常生活中某些不雅的行为举止会令人极其反感，严重影响交际风度和自我形象，应该十分注意避免。如当众搔头皮、掏耳朵、抠鼻孔、剔牙、咬指甲、挖眼屎、搓泥垢等，餐桌上更应注意。

知识拓展：常见手势在不同国家和地区的含义

育人园地

《礼记》中孔子说“礼也者，理也；乐也者，节也。君子无理不动，无节不作。”意思是礼就是道理；所谓乐，就是在言行上有节制。不讲道理的事君子不做，没有节制的事君子也不做。我们说礼节，你看“无理不动，无节不作”，礼节后面对应的是“动”和“作”，礼节是动作，动作是什么？是知行合一，他是一种知行合一的一个表达。“知行合一”是明朝思想家王阳明的核心思想，其含义是知中有行，行中有知。既倡导学习与立志，又倡导学以致用，崇尚实践。学习习近平十八大前后重要论述，我们不难发现，自 2009 年以来，习近平 6 次强调“知行合一”。

2009 年 4 月 1 日习近平在河南调研时，兴致勃勃地来到学生自发组织的以“知行合一、报效祖国”为主题的理论研讨会会场，与大学生们进行交流和探讨。

2013 年 7 月 11 日至 12 日习近平在河北省调研指导党的群众路线教育实践活动时强调，“以知促行，以行促知，知行合一”。

2014 年 1 月，习近平在中央党的群众路线教育实践活动第一批总结暨第二批部署会议上强调“知是基础、是前提，行是重点、是关键，必须以知促行、以行促知，做到知行合一”。

2014 年 3 月 25 日习近平发表在《费加罗报》的署名文章中指出，中国人讲“知行合一”，法国人讲“打铁方能成铁匠”，都强调要把思想转化为行动。

2014 年 5 月 4 日习近平在考察北京大学时勉励大学生“道不可坐论，德不能空谈。于实处用力，从知行合一上下功夫，核心价值观才能内化为人们的精神追求，外化为人们的自觉行动。”。

2014 年 5 月 24 日习近平在上海考察时强调，培育和践行社会主义核心价值观，贵在坚持知行合一、坚持行胜于言。

礼仪训练营

项目任务目标

1. 学会正确的站姿、走姿、坐姿、蹲姿等，并能够在服务工作中熟练运用；
2. 在职场中能够使用得体的表情和微笑；
3. 在职场中能够正确使用手势。

一、任务场景训练

【场景设计一：姿态训练】

序号	实训内容	实训要求	评价
1	练习各种站姿	全班按 5 ～ 6 人一组，分组练习	
2	练习各种坐姿	全班按 5 ～ 6 人一组，分组练习	
3	练习走姿	全班按 5 ～ 6 人一组，分组练习	
4	练习蹲姿	全班按 5 ～ 6 人一组，分组练习	

【场景设计二：微笑目光】

序号	实训内容	实训要求	评价
1	练习微笑	全班对照镜子练习	
2	练习目光	全班按两人一组，分组练习	

【场景设计三：手势】

<table>
<tr><th>序号</th><th colspan="2">实训内容</th><th>实训要求</th><th>评价</th></tr>
<tr><td>1</td><td colspan="2">练习各种手势</td><td>全班按两人一组，分组练习</td><td></td></tr>
<tr><td rowspan="4">2</td><td rowspan="4">按情景练习引领手势</td><td>情景一：迎宾</td><td rowspan="4">教师设计情景，学生进行模拟</td><td></td></tr>
<tr><td>情景二：引领</td><td></td></tr>
<tr><td>情景三：请坐</td><td></td></tr>
<tr><td>情景四：递接物品</td><td></td></tr>
</table>

【场景设计四：综合训练——情景模拟】

序号	实训内容	实训要求	评价
1	情景模拟训练某旅行社的接待人员	小组成员自己设定角色完成角色扮演	
2	情景模拟训练某酒店的接待人员	小组成员自己设定角色完成角色扮演	
3	情景模拟训练某银行 VIP 业务员接待客户	小组成员自己设定角色完成角色扮演	
4	情景模拟训练某机场咨询台业务员接待旅客	小组成员自己设定角色完成角色扮演	

实施指导

1. 通过演练，纠正不良姿势，掌握正确、优雅的仪容、仪态规范；
2. 通过训练，提升自身气质和职业形象；
3. 通过学生自评、互评、教师点评，检验学生对知识技能的掌握程度。

二、综合测评

案例分析

张先生所在公司旁边新开了一家自助餐厅，他听说自助餐不仅品种丰富，口味也不错。一天晚上加班后，张先生就约几位同事去吃自助餐。由于是晚上 8 点多了，餐厅里客人很少。当张先生和同事进入餐厅时，发现门口的迎宾小姐正倚靠在玻璃门上，一看有客人来了，急忙问好。张先生还跟同事打趣说：“服务小姐闲得剥指甲了，看来生意不怎么样啊！”大家说笑着往里走。这时，里面本来挤在一起看手机的服务员中的一位，急急忙忙跑过来大声地问了声：“先生几位？”张先生回答说：“三位。”然后那位服务员就用手指指着前方的一张桌子说：“你们就坐那里吧！”张先生和同事定好座位后，就去挑选食品了。这家餐厅自助餐的品种确实很多，张先生逛了一圈，准备拿点汤时，发现旁边有位服务员倚着放食品的台子，先用手抓了抓头皮，然后还拍了一下，看到张先生盯着她，就若无其事地把目光转到了别处，还向其他同事做了一个鬼脸。张先生拿食品时，她还不时地看看张先生，然后凑到旁边服务员耳边说着悄悄话。张先生看到这种情况，禁不住揣测：“难道我今天的打扮有问题？还是服务员嫌我拿太多东西了？”

请分析：案例中餐厅服务人员的仪态错误有哪些？

知识检测

选择题

1. 介绍他人或为他人指示方向时的手势应该（　　）。

A. 用食指　　B. 用拇指
C. 掌心向上　　D. 手掌与地面垂直

2. 在与人交谈时，双方应该注视对方的（　　），才不算失礼。
A. 上半身　　B. 双眉到鼻尖的三角区
C. 颈部　　D. 脚

3. 就座时占（　　），于礼最为合适。
A. 椅面的 1/2　　B. 椅面的 2/3
C. 椅面的 3/4　　D. 整个椅面

4. 入座时从座位的（　　）侧就座。
A. 左　　B. 右　　C. 后　　D. 前

5. 标准的站姿不包括（　　）。
A. 端立　　B. 身直　　C. 肩平　　D. 腿并

6. 在机场、商厦、地铁等公共场所乘自动扶梯时应（　　）站立，另一侧留出通道供有急事赶路的人快行。
A. 靠左侧　　B. 靠右侧　　C. 靠中间　　D. 并排

技能考核

根据表格内容要求进行考核打分。

考核内容	动作要求	评价	改进办法
站姿（20分）	抬头、目视前方、挺胸、立腰、肩平		
	正规式、叉手式、背手式、背垂手式规范		
	脚位和手位配合得当		
坐姿（10分）	入座规范、准确、轻缓、优美		
	男女的不同坐姿规范		
	脚位和手位规范、准确		
走姿（10分）	走姿文雅、端庄，男女走姿规范标准		
	变向走姿运用灵活、规范		
蹲姿（10分）	男女不同的蹲姿规范，迅速、美观、大方		
表情（10分）	时刻保持微笑，自然、友善		
	目光专注、柔和		
手势（10分）	手掌、手臂自然、规范，到位		
	不同场景手位运用灵活、规范		

三、21 天礼仪习惯养成训练

仪态礼仪 21 天习惯养成打卡

（一）承诺书

执行人承诺书

礼由心生，外化于形。我承诺将在今后的 21 天里坚持习惯养成打卡，心向美好，律己敬人，努力成为更好的自己。

承诺人：

镜子伙伴承诺书

我承诺在今后的 21 天里与__________成为镜子伙伴，彼此监督，彼此促进，心向美好，律己敬人，努力成为更好的自己。

镜子伙伴：

（二）21 天打卡

打卡任务内容：按照训练要求正确练习姿态（站姿、坐姿、走姿、蹲姿）、微笑目光、手势。

打卡任务方式：前期可以根据单一情景每两天强化训练一个姿态，养成正确的姿态习惯，后期可采用综合情景模拟训练，训练期间多以镜子为伴或录制练习视频或让对方来检验自己的练习成果，每天从中找不足，每天有进步，高质量完成 21 天习惯养成打卡任务。

打卡开始时间：

打卡结束时间：

时间	日常	补卡	时间	日常	补卡	时间	日常	补卡
第 1 天			第 8 天			第 15 天		
第 2 天			第 9 天			第 16 天		
第 3 天			第 10 天			第 17 天		
第 4 天			第 11 天			第 18 天		
第 5 天			第 12 天			第 19 天		
第 6 天			第 13 天			第 20 天		
第 7 天			第 14 天			第 21 天		

（“日常”用太阳图示标记；“补卡”用笑脸图示标记。）

（三）感受与反思

____

____

____

____

（四）行动后的评价（满分10分）

自我评价：（　　）分。

表现很棒的方面______________________________

有待提升的方面______________________________

镜子伙伴评价：（　　）分。

表现很棒的方面______________________________

有待提升的方面______________________________

智能模型交互实践与知识拓展

智能模型

1. 豆包，链接：https://doubao.com

2. OpenPose，链接：可通过相关学术网站或在GitHub等代码托管平台搜索相关开源项目，用于分析人体姿态等

应用场景

模块一　基本仪态

借助上述模型生成标准站姿、坐姿、走姿的3D动画或视频演示，展示不良仪态导致的形象问题模拟场景，并针对商务会议、社交活动等不同场景给出仪态调整建议。

模块二　面部表情

大模型分析不同面部表情在不同文化和情境中的含义，通过图片或视频展示微笑、严肃等表情在沟通中的作用，生成因面部表情不当引发误解的案例。

模块三　手势运用

大模型展示各种手势的正确做法和禁忌，如指示手势、欢迎手势等，通过动画演示手势的幅度、角度等要点，生成因错误手势引发文化冲突或不良影响的案例。

使用方式

学生提出“在商务谈判中，什么样的面部表情和手势更有利于建立良好沟通”“不同国家表示欢迎的常见手势有哪些”等问题，智能模型进行详细解析，辅助学生学习。

第四单元

见面礼仪

学习目标

1. 掌握见面时称呼、问候、握手、鞠躬、介绍、名片礼仪的要点和细节。
2. 纠正见面时不正确的做法，掌握正确、优雅的技能规范。
3. 做到理论和实践有机结合，通过训练将知识转化为实际操作能力。

模块一 称呼和问候礼仪

案例导入

一天中午，一位住在某饭店的外国客人到饭店餐厅去吃饭，走出电梯时，站在电梯口的一位女服务员很有礼貌地向客人点头，并用英语说："您好，先生。"客人微笑地回道："你好。"当客人走进餐厅后，服务员说出同样的一句话："您好，先生。"那位客人微笑着点了一下头，没有开口。

客人吃好午饭后，顺便到饭店的庭院中去散步，当走出内大门时，一位男服务员又是同样的一句话："您好，先生。"这时客人只是下意识地点了一下头了事。等到客人重新走进内大门时，"您好，先生"的声音又传入客人的耳中。此时，这位客人已感到不耐烦了，默默无语地径直去乘电梯准备回房间休息。恰好在电梯门口又碰见了早先那位女服务员，自然又是一成不变的套话："您好，先生。"客人实在不高兴了，装作没有听见的样子，皱起了眉头，而这位女服务员却丈二和尚摸不着头脑。这位客人在离店时，写给饭店总经理一封投诉信，信中写道："……我真不明白你们饭店是怎么培训员工的，在短短的午餐时间，我遇到的几位服务员竟千篇一律地简单重复一句'您好，先生'，难道他们不会使用其他的语句吗？"

思考：服务人员的敬语为何招致客人的不悦？

知识导航

语言交流通常是从打招呼开始的。称呼承载着对方对你的态度、感情和尊重程度，不是一个简单的、无生命的符号，而是社会文化主体的思想感情的载体，是充满色彩和激情的。它不仅体现了人与人之间的角色关系和权势关系，而且反映了人与人之间的亲疏远近。

视频：称呼问候礼

一、称呼的分类

（一）职务性称呼

以交往对象的职务相称，以示身份有别、敬意有加，是一种最常见的称呼。例如：酒店服务员在接受订餐时，因企业一般订餐较多的是办公室主任或老总本人，因此可以称其 × 主任或 × 总等。

小案例

酒店大堂副经理王经理与酒店礼宾员的关系处得很好，平时进出酒店大门时，礼宾员都对王经理以王哥相称，王经理也觉得这个称呼很亲切。这天，王经理陪同几位来自香港的客人一同进入酒店，礼宾员看到王经理一行人，又热情地打招呼："王哥好！几位大哥好！"谁知随行的香港客人觉得很诧异，其中有一位还面露不悦之色。

（二）职称性称呼

对于具有职称者，尤其是具有高级、中级职称者，在工作中可直接以其职称相称。职称相称时可以只称职称，也可在职称前加上姓氏或在职称前加上姓名（适用于十分正式的场合），如 ×× 教授等。

（三）行业（职业）性称呼

在工作中，有时可按行业进行称呼。对于从事某些特定行业的人，可直接称呼对方的职业，如老师、医生、会计、律师等，也可以在职业前加上姓氏、姓名，如 ×× 法官。对军人、警官等，一般称其军（警）衔或军（警）衔加先生，如 ×× 少校、×× 警官，或少校先生、警官先生。有些国家对将军之中的高级将领，称阁下或阁下先生。

（四）性别性称呼

对于商业、服务性行业的从业人员，一般约定俗成地按性别的不同分别称呼"小姐""女士"或"先生"，"小姐"是称未婚女性，"女士"则是在不确定对方婚姻状况时的称呼。

小案例

有一位先生想为他的朋友订做生日蛋糕，并要求写一份贺卡。蛋糕店服务人员小琪接到订单后，询问这位先生："先生，请问您的朋友是小姐还是太太？"这位先生也不清楚朋友是否结婚了，心想她一大把年纪了，应该是太太，于是就跟小琪说写太太吧。蛋糕做好后，小琪把蛋糕送到指定的地方并敲门，只见一位女士开了门，小琪有礼貌地询问："您好，请问您是怀特太太吗？"女士愣了愣，不高兴地说："咦，错了！"就把门关上了。小琪糊涂了，打电话向订蛋糕的先生再次确认，地址和房间号码都没错，于是再次敲开门，说道："没错，怀特太太，这正是您的蛋糕！"谁知这时，这位女士大叫道："你错了，这里只有怀特小姐，没有怀特太太！""啪"的一声，门被大声地关上了。

（五）姓名性称呼

在工作岗位上称呼姓名，一般限于同事、熟人之间。有三种情况：直呼其名；只呼其姓时，要在姓前加上"老、大、小"等前缀；只称其名、不呼其姓，通常限于同性之间，尤其是上级称呼下级、长辈称呼晚辈，在亲友、同学、邻里之间也可使用这种称呼。

（六）亲属性称呼

这是中国特色式的称呼习惯。在对客服务和人际交往中，我们往往会根据不同的交往和服务对象采取亲属性的称呼，如父亲的兄长称伯伯、伯父、大爷（北方方言）、大爹（山西、内蒙古、陕西及其周边等地方也称大老爹）等。

二、称呼的原则

一般情况下，同时与多人打招呼，应遵循先长后幼、先上后下、先近后远、先女后男、先疏后亲的原则。在使用称呼时，一定要避免失敬于人。称呼时应注意以下原则：

（一）称谓符合身份

当清楚对方身份时，既可以对方的职务相称，也可以对方的身份相称；当不清楚对方身份时，可以性别相称，如“×先生”“×女士”。

（二）称谓符合年龄

当称呼长者时，务必恭敬，不应直呼其名，可敬呼“老张”“老王”等；当尊称有身份的人时，可将“老”字与其姓相倒置，如“张老”“王老”；当称呼同辈的人时，可称呼其姓名，有时甚至可以去姓称名，但态度要诚恳、表情要自然，体现出真诚；当称呼年轻人时，可在其姓前加“小”字相称，如“小张”“小李”，或直呼其姓名，但要注意谦和、慈爱，表达出对年轻人的喜爱和关心。

（三）在面对面的称呼中有礼节

一般人往往有个错误观念，以为只要对方知道自己是在对他说话就没有必要称呼他了。其实，懂礼貌的人经常会单单为了表示敬重而称呼。例如：上学路上看到老师叫一声“老师好”，放学回家后看到父亲喊声“爸爸”，在礼仪上都是很有必要的，哪怕是叫过后什么话都不说，被称呼的人也会领会你对他们的敬重。

（四）在使用第二人称时有礼节

在社会交往中，使用第二人称时用“您”比用“你”更显敬重，这是必须记住的。但是我们还要知道，用“老师您”“叔叔您”“经理您”比单用“您”更显敬重。此外，用量词“位”也可表示尊重，如说“这位同学”比说“这个同学”要好。

（五）对说话对象的家人称谓中有礼节

例如：对老师的妻子可以称呼“师母”；对兄长的妻子可以称呼“大嫂”；如果领导年龄与自己父母差不多，对其夫人就可称为“阿姨”，不要直呼其名或“你老婆”。

（六）对说话对象所属的事物的称谓中有礼节

对对方的姓（名）要称“贵姓”或“尊姓大名”；对老师的作品称“大作”；对对方的观点称“高见”；对老人的年龄称“高寿”；对对方的公司称“贵公司”。在书面语言中，对年轻女性的名字和年龄称“芳名”“芳龄”。

（七）对对方的行为的称谓中有礼节

宾客来临可敬称为“光临”“惠顾”；对方的批评可敬称为“指教”；对方的解答可敬称为“赐教”；对方的原谅可敬称为“海涵”；对方的允诺可敬称为“赏光”“赏脸”；对方的修改可敬称为“斧正”。在书面语言中，对方的到达叫“抵达”，对方的住宿叫“下榻”。

三、称呼的注意事项

（一）不同文化背景的注意事项

对于不同文化背景、不同语言的客人，其称呼也有差异。例如：中国人称呼他人时喜欢用亲属称谓，如张叔叔、王阿姨、李奶奶等，而这种称谓在英语中是没有的，英语常用 Mr Zhang、Miss Wang、Mrs Li 等。

知识拓展：不同文化背景的注意事项

（二）其他注意事项

服务人员在接待宾客时要有选择性地使用称呼，要注意称呼的感情色彩，使不同的交往对象有被尊重之感。

不要用“喂”“哎”“老头”等去称呼对方，更不能不称呼对方而直接进入谈话。使用称呼应就高不就低。当被介绍给他人，需要与多人同时打招呼时，称呼要注意有序性。

四、问候

（一）问候语的含义

问候语是指与人交往中根据不同的对象、时间、地点所使用的规范化问候用语。在工作区域遇到客人时，应主动与客人打招呼并礼貌问候。能否灵活地运用问候语，是检验职业人员语言沟通与交际能力高低的重要依据。

（二）问候语的特点

1. 主动性

积极主动地使用问候语，能迅速淡化互动对象之间的陌生感，消除对方的戒备和抵触情绪。

2. 时效性

问候语的使用不能千篇一律或简单乏味，应根据不同的时间和空间有所变化，力求生动和丰富多彩，避免简单重复，体现时效性。

知识拓展：问候语的不同表达

（三）问候礼仪

问候礼仪可分为两种：一种是当面问候，又称打招呼；另一种是远方问候。

问候的方式有两种：语言问候和动作问候。动作问候有点头、微笑、握手、拥抱、吻别、鞠躬等。

问候的内容是丰富多彩的，可因人、因事有所区别。根据时间、场合和对象的不同，职场人员在人际互动的不同情境下所使用的规范化问候语也不同。

小案例

在一家饭店的楼面服务台，一位女服务员正在值班台服务。这时，一位美国小姐从她的房间里走出来，准备出饭店。服务员主动用中文与她打招呼："小姐，您好！您出去啊？"这位美国小姐只懂得简单的中文，她说："你说的'小姐您好'我懂，那'您出去啊'是什么意思？"这位服务员便解释道："我们平时见朋友，习惯问'你出去啊''你去公园啊''你去工作啊'等。"

这位小姐只听懂了"出去""公园""工作"这几个词，其他都听不懂。服务员越解释客人越恼怒。一气之下那位客人向总经理投诉，要求饭店做出解释。总经理了解了事情真相后，认真地跟客人解释，并代表饭店向客人道歉。

知识拓展：致意礼的不同形式

模块二

握手礼仪

案例导入

小张是刚到公司工作的业务员。一天，在公司遇到了总经理，小张立即跑过去，向总经理问好，并伸出双手，握住总经理的手，却看见总经理微蹙眉头，面露不悦之色。小张很纳闷，不知自己哪里做错了。

思考：小张和领导在握手的时候有何不妥之处？应该如何处理？

知识导航

握手是大多数国家中人们见面和离别时的礼节，它可以说是世界上最通用的礼节。看似简单的握手，却蕴含着复杂的礼仪细节，承载着丰富的交际信息。身在职场，要掌握一些基本的握手礼仪。

视频：握手礼

一、握手行礼的场合

握手通常用于以下场合：迎接客人到来；被介绍与人认识；久别重逢；社交场合突遇熟人；拜访告辞；送别客人；别人向自己祝贺、赠礼；拜托别人帮助自己。

二、握手行礼的方式

（一）姿势

1. 标准式握手

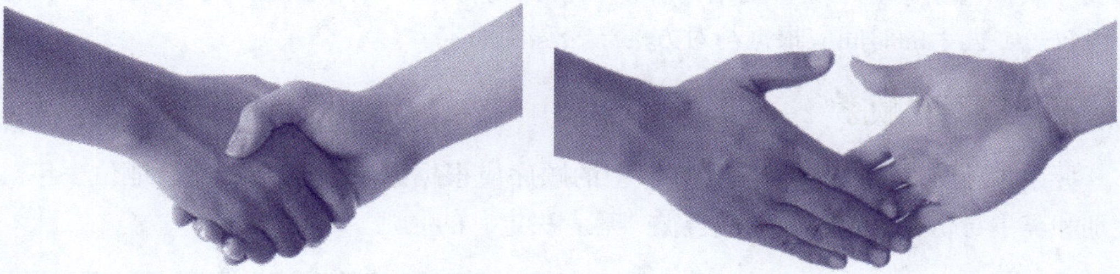

图 4－1 标准式握手

2. 不同的握手姿势

不同的握手姿势代表不同的含义，一般而言，主要有以下几种情况：

（1）如果握手的两个人手掌相握成垂直状态，则表示平等而自然的关系；

（2）如果将掌心向上同他人握手，则表示谦虚或恭敬；

（3）如果伸出双手去捧接，就更是谦恭备至了；

（4）如果掌心向下握住对方的手，则是傲慢无礼的表现。

（二）神态

为了表示尊敬，握手时上身略微前倾，头略低一些，面带笑容，注视对方的眼睛，边握手边开口致意，如说“您好”“见到您很高兴”“欢迎您”“恭喜您”“辛苦啦”等。与人握手时，应面含微笑，目视对方双眼，并且口道问候。

（三）力度

握手时用力应适度，不轻不重，恰到好处。

图4-2　握手神态

（四）时间

握手时通常是握紧后打过招呼即松开，一般为3～4秒。但在亲密朋友意外相遇、敬慕已久的人初次见面、至爱亲朋依依惜别、衷心感谢难以表达等场合，握手时间可以长一点，甚至紧握不放、话语不休。在公共场合，如列队迎接外宾时，握手的时间一般较短。握手的时间应根据与对方的亲密程度而定。

三、握手的顺序

握手的主要原则是尊重别人。握手的顺序应根据握手人双方的社会地位、年龄、性别和宾主身份来确定，一般应遵循“尊者决定”的原则。

小案例

郑瑞是某单位的经理，有一天他受邀参加一场晚宴。此次晚宴规模宏大，聚集了职场上诸多成功人士。在宴会上，郑瑞被朋友介绍给一位曹女士。为了表示自己的友好，他先把手伸出去了，可是曹女士居然没有反应，还在与一旁的朋友说说笑笑。郑瑞非常尴尬，觉得手不能再缩回去了，撑了20多秒，曹女士还是不配合，后来他一着急说：“蚊子！”转手去打莫须有的蚊子。这种场面让周围的人都不禁出了一身冷汗，郑瑞也是满脸通红地离开了。

（一）握手的基本顺序

握手顺序的具体原则如下表所示。

表4-1　握手顺序的具体原则

原则	注意事项
“尊者决定”原则	年长者与年幼者握手，应由年长者首先伸出手来；长辈与晚辈握手，应由长辈首先伸出手来；老师与学生握手，应由老师首先伸出手来
“女士优先”原则	女士与男士握手，应由女士首先伸出手来

续表

原则	注意事项
“已婚主动”原则	已婚者与未婚者握手，应由已婚者首先伸出手来
“职位、身份高”原则	职位、身份高者与职位、身份低者握手，应由职位、身份高者首先伸出手来
“顺时针”原则	如果在餐桌上或围坐在大厅里，可以按顺时针的方向握手
“由近及远”原则	在平辈的朋友中，可由近及远握手

（二）一人与多人握手的顺序

一人需要与多人握手时，应讲究由尊而卑、由近及远、顺时针方向进行的顺序。由尊及卑，即先年长者后年幼者，先长辈后晚辈，先老师后学生，先女士后男士，先已婚者后未婚者，先上级后下级，先职位、身份高者，后职位、身份低者；由近及远，即周围有四五个人，或者在宴会厅门口排队迎候客人，握手时不能跳跃，应该伸手从最近的人开始握手；顺时针方向进行，即在圆桌上或者坐在客厅里，周围都有人时，主人先和自己右手边的人握手，然后按顺时针方向握手。

四、握手的注意事项

（1）行握手礼时要注意力集中，不要左顾右盼、一边握手一边跟其他人打招呼。

（2）见面与告辞时，不要跨门槛握手。

（3）握手一般总是站着相握，除年老体弱者或残疾人外，坐着握手是很失礼的。

（4）单手相握时左手不能插在口袋里。

（5）男士勿戴帽、手套与他人相握，穿制服者可不脱帽，但应先行举手礼再行握手礼。女士可戴装饰性帽子和装饰性手套行握手礼。

（6）忌用左手同他人相握，除非右手有残疾。当自己右手脏时，应亮出手掌向对方示意，并表示歉意。

（7）握手用力要均匀，对女性一般象征性地握一下即可，但要沉稳、热情和真诚。

（8）握手时不要抢握，不要交叉相握，应待别人握完后再伸手相握。交叉相握在通常情况下是一种失礼的行为。有的国家视交叉握手为凶兆，交叉成“十”字形，意为十字架，认为必定会招来不幸。

知识拓展：握手的样式

模块三

鞠躬礼仪

案例导入

在日本，行鞠躬礼是司空见惯的，去日本旅行的游客对日本人的鞠躬礼都会留下深刻的印象。有这样一则案例：正值日本国内旅游旺季，某酒店大厅里宾客进进出出、络绎不绝。一位手提皮箱的客人走进大厅，行李员立即微笑地迎上前去鞠躬问候，并跟在客人身后问客人是否需要帮助提皮箱。这位客人也许有急事，嘴里说了声“不用，谢谢”就头也没回地径直朝电梯走去。那位行李员朝着客人匆匆离去的背影深深地鞠了一躬，嘴里还不断地说“欢迎，欢迎”，直到客人的背影消失在视线里。

思考：当面给客人鞠躬是为了礼貌服务，可那位行李员朝客人的背影深鞠躬又是为什么呢？

知识导航

鞠躬，意思是弯身行礼，是表达敬意、尊重、感谢以及道歉的常用礼节，随着社会文明的提高，鞠躬礼在人们的生活社交、商业服务中的使用越来越频繁。

视频：鞠躬礼

一、鞠躬礼的适用场合

鞠躬礼既适用于庄严肃穆或喜庆欢乐的场合，又适用于普通的社交和商务活动场合。在日常生活中，学生对老师、晚辈对长辈、下级对上级、表演者对观众等都可行鞠躬礼。领奖人上台领奖时，向授奖者及全体与会者鞠躬行礼。演员谢幕时，对观众的掌声常以鞠躬礼致谢。演讲者也用鞠躬来表示对听众的敬意。遇到客人或表示感谢或回礼时，都可行鞠躬礼。

二、鞠躬礼的分类

（一）服务、社交、商务鞠躬礼

行鞠躬礼时，弯腰的程度不同，表示的含义也不同。按照上身倾斜角度的不同，可以将鞠躬分为以下三种类型：

一度鞠躬：上身倾斜角度约为 15°，是最一般的鞠躬角度。常用于与熟人打招呼，与长辈或上级擦肩而过的时候；也用于与客人交流时的一种倾听姿态，以示谦虚和恭敬。

二度鞠躬：上身倾斜角度约为 30°，是商务往来普遍使用的鞠躬方式。身体上部向下弯约 30°，用于欢迎、欢送和感谢、致谢。

三度鞠躬：上身倾斜角度约为 45°，一般意义上表示向对方深度敬礼和道歉，常用于下级向上级、学生向老师、晚辈向前辈、服务人员向客人表示的敬意。

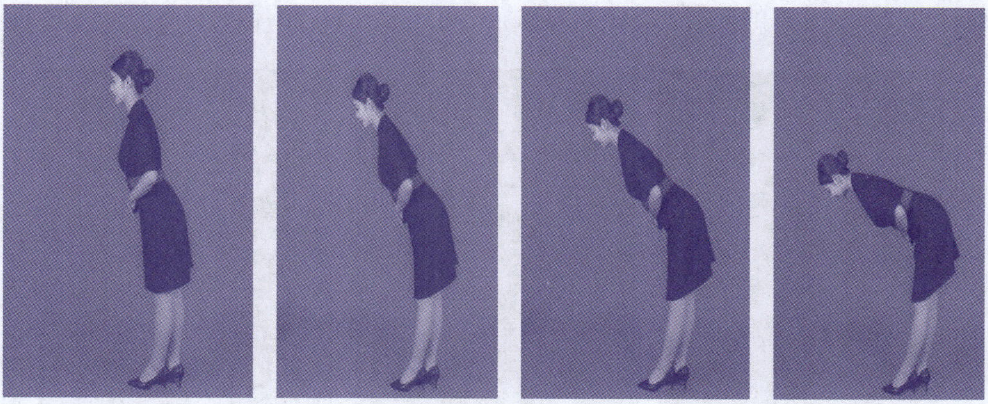

图 4－3　鞠躬的分类

三种行礼方式适用于不同的情况，下身倾斜角度可以根据施礼对象及场合而定。一般而言，60° ～ 90° 为大鞠躬，只用于特殊情况。

（二）三鞠躬

三度弯身致敬，为最敬之礼节。上身前倾弯腰，下弯约 90°，然后恢复原样，如此三次。

三鞠躬一般是为悼念死者而进行的，主要表达对死者的尊敬和怀念。另外，对于很受人尊重的长辈，也可以行此礼。

（三）深鞠躬

又称大鞠躬或深礼，其基本动作同三鞠躬，区别就在于深鞠躬一般只要鞠躬一次即可，但要求弯腰幅度达到 90°，以示敬意。

三、鞠躬礼的姿势

（一）动作要领

行鞠躬礼一般在距对方 1 ～ 2 米的地方。在与对方目光交流的时候行礼，且行鞠躬礼时必须真诚地微笑；没有微笑，鞠躬礼是失礼的。

行礼时面对客人，并拢双脚，视线由对方脸上落至自己的脚前 1.5 米处（15° 礼）或脚前 1 米处（30° 礼）。男性双手放在身体两侧，女性双手合起来放在身体前面。

鞠躬时必须伸直腰、脚跟靠拢、双脚脚尖微微分开，目视对方，以腰部为轴，头、肩、上身顺势向前倾约 15° ～ 90°，具体的前倾幅度还可视行礼者对受礼者的尊重程度而定。

通常，受礼者应以与行礼者的上身前倾幅度大致相同的鞠躬还礼。但是，上级或长者还礼时，可以欠身点头或在欠身点头的同时伸出右手答之，不必以鞠躬还礼。

（二）几种错误的鞠躬姿势

以下几种鞠躬姿势是错误的：只低头的鞠躬；不看对方的鞠躬；头部左右晃动的鞠躬；双腿没有并齐的鞠躬；驼背式的鞠躬；可以看到后背的鞠躬；等等。

图4－4　错误的鞠躬姿势

四、鞠躬时应注意的问题

一般情况下，鞠躬要脱帽，戴帽子鞠躬、鞠躬时嘴里吃东西或叼着香烟都是不礼貌的。

鞠躬时，目光应该向下看，表示一种谦恭的态度。不可以一面鞠躬一面翻起眼看对方，这样既不雅观也不礼貌。

鞠躬礼毕起身时，双眼还应该有礼貌地注视对方。如果视线转移到别处，即使行了鞠躬礼，也不会让人感到诚心诚意。

受礼者如果是长辈、上级、老师、宾客，还礼可不鞠躬，而用欠身、点头、微笑致意以示还礼，其他人应以鞠躬礼相还。

行鞠躬礼时，地位较低的人要先鞠躬，且弯腰程度要相对深一些。

模块四
介绍礼仪

案例导入

某公司秘书小李一向喜欢名牌服装。有一次，领导让他陪同去见一位重要的新客户。那天，他专门穿上精心挑选的名牌西服，结果见面时被新客户，误认为他是领导，并与其寒暄了几句，这使得一旁的领导十分尴尬和恼火。结合服饰礼仪中的着装要求，请分析，小李在上述案例中所犯的错误。

知识导航

介绍是日常生活及社交活动中人与人结识的一种重要方式，是人际交往中与他人沟通、建立联系、增进了解的一种最基本、最常见的沟通方式，是人与人沟通的第一步。

根据介绍的对象、场合的不同，介绍可分为以下几种类型：（1）依社交场合的方式来分，有正式介绍和非正式介绍；（2）依介绍者的位置来分，有为他人介绍、自我介绍和他人为你介绍；（3）依被介绍者的人数来分，有集体介绍和个人介绍。通常，在服务交往中常用的介绍类型有自我介绍、为他人介绍和集体介绍。

一、自我介绍

视频：介绍礼

自我介绍就是在社交场合向别人介绍自己以使对方认识自己的一种礼节。它是人际交往中常用的一种介绍方式，也是十分有效的沟通途径。

（一）自我介绍的时机和顺序

自我介绍要寻找适当的机会。当对方正与人交谈时，不宜走上前去进行自我介绍，以免打断别人的谈话。自我介绍的标准顺序是：地位低的人先做自我介绍；主人应该首先向客人做介绍；长辈和晚辈在一起时，晚辈先做介绍；男性和女性在一起时，男性先做介绍。

（二）自我介绍的内容和形式

一般而言，自我介绍的内容由三部分构成，即姓名、单位和职业（职务）。自我介绍的内容既要真实，又要根据不同社交模式灵活掌握，大致可以分为以下几种。

（1）寒暄式（应酬式）。这种模式下，做自我介绍只是向对方表明自己的身份，所以介绍内容简单，只介绍自己的姓名即可。例如："您好！我叫 ×××。"

（2）公务式（商务式）。公务活动中，介绍的目的是进一步和对方交往，自我介绍的内容可详细些，主要包括单位、部门、职务和姓名。例如："您好！我叫 ×××，是 ××× 酒店的销售部经理。"

（3）社交式。社交式用于人们在非公务活动中的私人交往，自我介绍的内容往往更具体、详细，主要包括姓名、职业、籍贯、爱好以及与交往对象共同认识的人等。

（三）自我介绍的仪态

进行自我介绍时，要充满自信、举止庄重大方，一般应保持站立姿势，可将右手放在自己的左胸上，必要时可向对方递上名片，表情坦然、亲切，目光向着对方或众人，热情友好，面带微笑。

（四）自我介绍的语言

自我介绍时，语言要简洁流畅、清楚准确、朴实无华，同时还要注意自己的语音、语调和语速，语气自然、语速正常、吐字清晰、从容不迫，以便让别人听清楚，并生交谈之心。用语一般要留有余地，不宜用“最”“第一”“特别”等极端的词语。

二、为他人介绍

介绍他人，又称第三者介绍，即介绍不相识的人认识或把一个人引荐给其他人相识沟通的过程。善于为他人做介绍，可以使你在朋友中享有更高的威信和影响力。在正式的会面场合，一般都是由第三者来完成介绍。第三者介绍时，首先要了解双方是否有结识的愿望，一般要慎重、自然，不能贸然行事，以免使双方陷入不情愿之中，反而引起尴尬；其次应说明自己和被介绍人之间的关系，以便新结识的朋友之间相互了解和增加信任。

（一）介绍人

不同场合，有不同的规范要求。

（1）家庭聚会：女主人充当介绍人。

（2）公务活动：办公室主任、秘书、前台接待、礼宾人员、公关人员等专门人士，双方的熟人，本单位职务最高者充当介绍人。

（3）社交活动：东道主充当介绍人。

介绍人应当准确介绍被介绍人的基本信息，简明扼要，多用敬辞、谦辞、尊称。

（二）介绍的顺序

介绍人在介绍两个人互相认识时，介绍的先后顺序必须遵守“尊者有优先知情权”的原则，即在为他人介绍前，先要确定双方地位的尊卑，先介绍位卑者给位尊者，后介绍位尊者给位卑者。这样可以让位尊者优先了解位卑者的情况，以便见机行事，在交际中掌握主动权。一般情况下，介绍顺序的国际惯例是：

（1）先把男性介绍给女性；

（2）先把年轻者介绍给年长者；

（3）先把主人介绍给客人；

（4）先把未婚者介绍给已婚者；

（5）先把职位低者介绍给职位高者；

（6）先把晚到者介绍给早到者。

当被介绍人是同性或年龄相仿或一时难以辨别其身份、地位时，可以先把与自己关系较熟的一方介绍给自己较为生疏的一方。在服务行业，客户有优先知情权，介绍者应把自己的同事先介绍给客户。

（三）介绍人的表情、姿势

介绍人应当举止文雅，面带微笑，态度要热情、友好。介绍时，应掌心朝上，四指并拢，拇指张开，胳膊略向外伸，指向被介绍一方，并向另一方点头微笑，上身稍前倾。切忌伸出手指，指向被介绍的任何一方。

图 4-5 介绍人的表情、姿势

（四）介绍人的语言

介绍人在做介绍时要先向双方打招呼，使双方有思想准备。介绍语宜简明扼要，并应使用敬词。在较为正式的场合，可以说："尊敬的李先生，请允许我向您介绍一下……"或说："王总，这就是我和您常提起的晏博士。"在介绍中要避免过分赞扬某个人，不要给人留下厚此薄彼的印象。

当介绍人为双方介绍后，被介绍人应向对方点头致意或握手为礼，并以"您好""很高兴认识您"等友善的语句问候对方，表现出结识对方的诚意。介绍人在介绍后，不要随即离开，应给双方交谈提示话题，可有选择地介绍双方的共同点，如相似的经历、共同的爱好和相关的职业等，待双方进入话题后，再去招呼其他客人。当两位客人正在交谈时，切勿立即给其介绍别的人。

三、集体介绍

集体介绍是为他人介绍的一种特殊形式，被介绍者一方或双方都不止一人，大体可分为两种情况：一种是为一人和多人做介绍；另一种是为多人和多人做介绍。

（一）集体介绍的时机

（1）规模较大的社交聚会，有多方参加，各方均可能有多人。

（2）大型的公务活动，参加者不止一方，且各方不止一人。

（3）涉外交往活动，参加活动的宾主双方皆不止一人。

（4）正式的大型宴会，主持人一方人员与来宾均不止一人。

（5）演讲、报告、比赛，参加者不止一人。

（6）会见、会谈，各方参加者不止一人。

（7）婚礼、生日晚会，当事人与来宾双方均不止一人。

（8）举行会议，应邀前来的与会者不止一人。

（9）接待参观、访问者，来宾不止一人。

（二）集体介绍的顺序

集体介绍的顺序可参照为他人介绍的顺序，也可酌情处理。但注意，越是正式、大型的交际活动，越要注意介绍的顺序。

（1）少数服从多数。当被介绍者双方地位、身份大致相似时，应先介绍人数较少的一方。

（2）强调地位、身份。若被介绍者双方地位、身份存在差异，虽人数较少或只一人，也应将其放在尊贵的位置，最后加以介绍。

（3）单向介绍。在演讲、报告、比赛、会议、会见时，往往只需要将主角介绍给广大参加者。

（4）人数多的一方的介绍。若一方人数较多，可采取笼统的方式进行介绍。例如："这是我的家人。""这是我的同学。"

（5）人数较多各方的介绍。若被介绍的不止两方，需要对被介绍的各方进行位次排列。排列的方法如下：以其负责人身份为准；以其单位规模为准；以单位名称的英文字母顺序为准；以抵达时间的先后顺序为准；以座次顺序为准；以距介绍者的远近为准。

（三）集体介绍的注意事项

集体介绍的注意事项与为他人介绍的注意事项基本相似。除此之外，还应注意以下两点：

（1）不要使用易生歧义的简称，在首次介绍时要准确地使用全称。

（2）不要开玩笑，要很正规。

知识拓展：面试自我介绍的方法

模块五

名片礼仪

案例导入

某公司王经理约见一个重要的客户——方经理。见面之后，客户将名片递上。王经理看完名片后随即放到桌子上，二人继续谈事。过了一会儿，服务人员将咖啡端上桌，请两位经理慢用。王经理喝了一口，将咖啡杯放在了名片上。客户皱了皱眉头，没有说什么。

思考：客户为什么皱眉头？王经理的行为是否有失礼之处？

知识导航

名片是现代人的自我介绍信和日常交往活动的联谊卡。名片在现代生活中的重要性经常被用两句话来表达：第一，一个没有名片的人是没有社会地位的人；第二，不会使用名片的人是缺乏交际经验的人。在人际交往中，一个不随身携带名片的人，是个不懂得尊重别人的人。名片就像持有者的颜面，不但要很好地珍惜，而且要懂得怎样去使用它。

视频：名片礼

一、名片的用途

现代名片是一种经过设计、能表示自己身份、便于交往和开展工作的卡片。名片不仅可以用作自我介绍，而且可用作祝贺、答谢、拜访、慰问、赠礼附言、备忘、访客留话等。

（一）常规用途

1. 自我介绍

初次与交往对象见面时，除了必要的口头自我介绍外，名片是最重要的自我介绍辅助工具。这样不仅能清晰地向对方表明身份，而且还可以节省时间、强化效果。

2. 结交他人

在社交活动中，递送名片给初识之人表示结交之意。主动递交名片，既意味着信任友好，又暗含结识交往之意。在这种情况下，对方一般会“礼尚往来”，交换名片。

3. 保持联系

名片上面的信息可以时刻提醒持有人知道你是谁，并利用名片上提供的联络方式，保持联系，促进交往，加深感情。

4. 通报变更

在个人工作单位、职务、联系方式或乔迁新址等信息变更时，都会重新制作名片，向惯常的交往对象递交新名片来通报对方，是一种较为简单的避免联系上失误的有效方式。

（二）特殊用途

1. 充当礼单

以个人身份向他人赠送礼品或花卉时，可将名片充当礼单，置于礼物或花卉包装之内。但最好的做法是将其装在一个与名片大小相当的信封里，信封上书写收礼者姓名，名片上也可根据实际情况简单留言。

2. 介绍他人

如欲向自己相识之人介绍某人，亦可使用名片。具体做法是：在自己名片的左下角写上“p.p.”，然后在后面附上被介绍人的名片，并由被介绍人交给对方，或直接邮寄给对方。现在也多采用线上推送电子名片的方式。在把名片交给被介绍人之后，介绍者应当先联系对方，避免产生尴尬。

3. 简短留言

如拜访某人不遇，或需要向某人传达某事而对方不在时，可留下自己的名片，并在名片上简单写上具体事由，然后委托他人转递。

4. 拜会他人

在初次前往他人工作单位或私人居所进行正式拜访时，可先把本人名片交于对方的门卫、秘书或家人，然后由其转交给拜访之人，对方确认了拜访者的实际身份后，再决定双方是否见面。

二、名片的内容、分类与设计

（一）名片的内容与分类

名片的基本内容一般有姓名、工作单位、职务、职称、通信地址等，也有把爱好、特长等情况写在上面的。至于选择哪些内容，则由需要而定，但无论繁简，都要求信息准确、独树一帜。

一般情况下，名片可分为两类。

1. 交际类名片

除基本内容之外，还可以印上组织的徽标，或在中文下面用英文写，或在背面用英文写，便于与外国人交往。

2. 公务类名片

公务类名片可在正面介绍自己，背面介绍组织或宣传经营范围。公务类的名片有广告效应，能使组织获得更大的社会效益和经济效益。

（二）名片的设计

1. 格式

名片格式是有讲究的，其大小也有专业的尺寸。常用的名片长 9 厘米、宽 5.5 厘米，国际社会也有长 10 厘米、宽 6 厘米的名片。

2. 材质

名片重在实用，不以奢侈无用见长。印制名片最好选用耐折、耐磨、美观、大方的白卡纸、再生纸、合成纸。如无特殊需要，不要选择黄金、白银、木材、不锈钢等材料。

3. 色彩

印制名片的纸张，宜选庄重朴素的白色、米色、淡蓝色、淡黄色、淡灰色，一般不能太浓墨重彩，并且以一张名片一色为好。

4. 图案

名片上一般不允许出现过多的图案，允许出现的图案一般为企业的徽记。从公关营销的角度，也可以出现产品的图案。

5. 内容

一般名片上应该印上工作单位、姓名、身份、地址、邮政编码等，也有些名片在背面印上企业简介、经营范围、产品及服务范围以方便客户和作为宣传。很多企业有标准的员工名片格式，有的要加印企业的标识甚至经营理念。

6. 文字

名片的语言一般以简明清晰、实事求是为标准，能够传递个人的基本情况，达到彼此交际的目的即可。一般交往中，名片以标准简化汉字为佳。假如在少数民族地区工作，出于对少数民族文化习惯和传统的尊重，可按照国家法律规定使用当地民族的文字。

在设计上，除文字外，还可借助有特色或象征性的图画、符号等非语言信息增强名片的表现力，但不能有烦琐的装饰，以免喧宾夺主。

三、名片的使用

（一）名片的放置

一般来说，应把自己的名片放在容易拿出的地方，不要将它与杂物混在一起，以免要用时手忙脚乱甚至拿不出来；若穿西装，宜将名片置于左上方口袋；若有手提包，可放于包内伸手可得的地方。不要把名片放在皮夹内、工作证内甚至裤袋内，这是一种很失礼的行为。另外，不要把别人的名片与自己的名片放在一起，否则，一旦慌乱中误将他人的名片当作自己的名片送给对方，是非常糟糕的。

小案例

在一次展销会上，某公司秘书小玲刚刚接到客户递过来的名片，手机就响了。小玲顺手把客户的名片放在旁边的桌子上，接听电话，把递名片的客户晾在了一边。她还顺手在那张名片上记下了来电方的电话号码和姓名。

以上案例中，小玲所犯的错误是接电话时顺手把名片放在了旁边的桌子上，并在名片上记下了其他人的电话号码和姓名，这是对递名片的客户极大的不尊重。小玲在接到对方的名片后，应精心存放，不可以顺手放在旁边的桌子上，更不应在名片上记电话号码和姓名，应该将接到的客户名片统一置于名片夹、公文包或上衣口袋中。另外，小玲在接电话前，应向对方示意，赢得对方的理解。

（二）出示名片的礼节

1. 出示名片的顺序

名片的递送先后虽说没有太严格的礼仪讲究，但也是有一定顺序的。一般是地位低的人先向地位高的人递名片，男性先向女性递名片。当对方不止一人时，应先将名片递给职务较高或年龄较大者；或者由近至远递，依次进行，切勿跳跃式地进行，以免对方误认为厚此薄彼。如在餐厅或会议室内，对方人员座位呈圆桌状分布时，应该按照顺时针方向旋转递送。

2. 出示名片的礼节

向对方递送名片时，应面带微笑，稍欠身，注视对方，将名片正对着对方，用双手的拇指和食指分别持握名片上端的两角送给对方，切勿以手指夹着名片递给对方，也不要用左手拿名片给人。

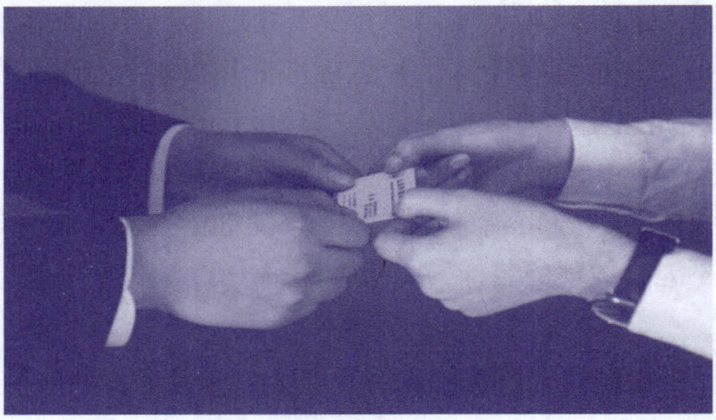

图 4－6　出示名片的礼节

如果是坐着的，应当起立或欠身递送，递送时应顺便说些客气话，例如："我是 ××，这是我的名片，请笑纳。""我的名片，请收下。""这是我的名片，请多关照。"在递名片时，切忌目光游移或漫不经心。

出示名片还应把握好时机。发送名片要掌握适宜时机，只有在确有必要时发送名片，才会令名片发挥功效。当初次相识、自我介绍或别人为你介绍时可出示名片；当双方谈得较融洽或表示愿意建立联系时应出示名片；当双方告辞时，可顺手取出自己的名片递给对方，以示愿结识对方并希望能再次相见，这样可加深对方对你的印象。

（三）接受名片的礼节

接受名片时，要注意以下几点：

1. 态度恭敬

接受他人递过来的名片时，不论有多忙，都要暂停手中的一切事务，并起身站立相迎，面带微笑，用双手的拇指和食指接住名片的下方两角，态度要谦和、恭敬，使对方感到你对名片很感兴趣。

2. 认真阅读

接过对方名片后，要认真浏览一遍，第一表示对别人的尊重，第二可以了解对方的确切身份。在默读名片的过程中，如遇有显示对方荣耀的职务、头衔时不妨轻读出声，以示尊重和敬佩。若对对方名片上的内容有所不明，可当场请教对方。

3. 精心收藏

接过对方名片后，应该在现场郑重收藏。一般将对方名片放在自己的名片包内，再放入公文包、办公桌或上衣口袋内等稳妥的地方。切忌将名片随手放在一边，也不要在手中随意玩弄，不要随便拎在手上，不要拿在手中搓来搓去，否则会伤害对方，影响彼此的交往。

4. 有来有往

接受了他人的名片后要当即回敬对方，同时递上自己的名片。如果没有名片，名片用完了或者忘了带名片，应当首先向对方表示歉意，再如实说明理由，例如：“很抱歉，我没有名片。”“对不起，今天我带的名片用完了，过几天我会亲自寄一张给您。”切莫毫无反应。

小案例

新城举行春季商品交易会，各方厂家云集，企业家们济济一堂。华新公司的徐总经理在交易会上听说衡诚集团的崔董事长也来了，想利用这个机会认识这位素未谋面却久仰大名的商界名人。午餐会上他们终于见面了，徐总彬彬有礼地走上前去说：“崔董事长您好，我是华新公司的总经理，我叫徐刚，这是我的名片。”说着，徐总便从随身带的公文包里拿出名片，递给了对方。崔董事长显然还沉浸在与人的谈话中，他顺手接过徐刚的名片说了句“你好”，草草地看过便放在了一边的桌子上。徐总在一旁等了一会儿，并未见崔董事长有交换名片的意思，便失望地走开了……

（四）索要名片的礼节

1. 向他人索要名片

一般而言，最好不要直来直去，应委婉索要。可采取以下几种方法：

方法一：积极进取。可主动提议，例如：“王先生，我们交换一下名片吧！”

方法二：投石问路。先将自己的名片递给对方，以求得其予以“呼应”。

方法三：虚心请教。例如：“今后怎样向您求教？”以这种方式暗示对方拿出自己的名片来交换。

方法四：呼吁合作。例如：“以后如何与您联系？”这也是要对方留下名片的意思。

2. 面对他人的索取

一般不应直接拒绝，如确有必要这么做，则特别需要注意分寸。如果不想给又不想让对方失面子，可以委婉表达，通常可以这样说：“对不起，我忘了带名片。”“不好意思，我的名片刚刚用完了。”如果自己手里正拿着名片或刚与他人交换过名片，再向对方表示自己的名片刚用完，或说自己忘了带名片，其结果会非常难堪，显然不说为妙。

（五）使用名片的禁忌

使用名片时有一些禁忌需要注意。

（1）不使用残缺褶皱的名片。

（2）不宜涂改名片。在国际交往中，名片如脸面，脸面是不能涂改的。

（3）名片上不宜出现两个以上的头衔。倘若一张名片上出现的头衔过多，有三心二意、用心不专之嫌。所以很多职场人士身上会有好几种名片，对不同的交往对象使用不同的名片。

（4）不要把名片当作传单随便散发。

（5）不要随意将他人给自己的名片塞在口袋里。

（6）不要随意拨弄他人的名片。

（7）在对方的名片上做一些简单的记录和提示，是帮助我们记忆的好办法。但是，不要在他人的名片上乱写一些有关名片主人特征的文字，如“小个子”“戴眼镜”等。

知识拓展：西方名片的礼仪

育人园地

《论语》里有一句话："出门如见大宾。"意思是，只要出门见人，就像见贵宾一样，应谦恭地对待遇到的每一个人。在日常生活和工作中见到年长、地位高的人做到"出门如见大宾"并不难，难的是见到所有人都能一视同仁，尊重有加。能够做到"出门如见大宾"，这才是真正有礼者的修养和风范。

见面交往形式做法背后体现的就是真诚谦虚的做人、做事态度，小到展示个人文化素养，大到代表国家的外交风度。周恩来总理就有这样一个外交礼仪故事：

一次，柬埔寨西哈努克亲王要离京回国，周恩来带着几位将军一起去送行。

到了机场后，西哈努克亲王登上飞机，从舷窗里冲着大家挥了挥手，飞机开始起飞了。这时，几位将军见送行的任务已经完成，纷纷向机场出口走去。

原来，当时在体育场正举行一场足球比赛——中国对印尼的足球赛。这关系到中国队小组出线，非常重要，几位将军都约好了要去看，此时见西哈努克亲王已经上了飞机，便迫不及待地开始往外走。

周恩来一看，赶紧让身边的人去把他们叫回来，列队站好，等飞机在机场上空盘旋一圈，渐渐远去之后，周恩来这才转过身来，生气地问："你们懂不懂外交礼仪?"

几位将军见总理生气了，都低着头不说话。

周恩来接着说："好，我给你们再讲讲。给外宾送行时，不光要把外宾送上飞机，还要等飞机起飞，因为按照外交礼仪，飞机起飞后，还要在上空盘旋一周，表示对这个地方的留恋和感谢。我们送行的人更不能离开，要等飞机飞远了……"

周恩来讲了足足有半个小时才停下，看了看表，说："我知道你们是急着想去看球赛，但再急的事也不能忽视外交礼仪。我给你们讲这么长时间，你们是不是觉得我在小题大做？我不是想当老师，而是故意让你们少看半场球，才能印象深刻。好了，下半场马上就要开始了，我们一起去吧。"

从这个故事中，我们可以感受到周总理的外交礼仪风度和深厚的个人素养。习近平在治国理政卷《青年要自觉践行社会主义核心价值观》（2014 年 5 月 4 日）一文中明确提到广大青年要加强道德修养，注重道德实践。"道德之于个人、之于社会，都具有基础性意义"。做人做事第一位的是崇德修身。"德是首要、是方向，一个人只有明大德、守公德、严私德，其才方能用得其所。"礼仪是律已敬人的德性体现，既体现个人品德、社会公德和职业道德，也体现国家之大德。因此说，礼仪修养的养成伴随我们每个人的一生。

礼仪训练营

项目任务目标

1. 掌握称呼问候、介绍、名片、握手、鞠躬等见面致意礼仪规范；
2. 能够养成习惯，做到生活和工作中灵活致用，由内到外展示出个人职场魅力。

一、任务场景训练

【场景设计一：称呼问候】

<table>
<tr><th>序号</th><th>实训内容</th><th>实训要求</th><th>评价</th></tr>
<tr><td>1</td><td>模拟家庭聚会、工作中的称呼礼节</td><td>全班按两人一组，分组练习</td><td></td></tr>
<tr><td>2</td><td>情境一：以酒店为例，分别将人员角色定位，注重职衔、称谓次序进行模拟练习</td><td rowspan="2">师生设计情节，学生进行训练</td><td></td></tr>
<tr><td>3</td><td>情境二：接待客人问候语训练，自主设计各种问候语，模拟接待客人或招呼客人</td><td></td></tr>
</table>

【场景设计二：握手】

<table>
<tr><th>序号</th><th colspan="2">实训内容</th><th>实训要求</th><th>评价</th></tr>
<tr><td>1</td><td colspan="2">练习标准式握手礼</td><td>全班按两人一组，分组练习</td><td></td></tr>
<tr><td>2</td><td colspan="2">练习男女之间的握手</td><td>进行男女生握手练习</td><td></td></tr>
<tr><td>3</td><td colspan="2">练习同时与多人握手</td><td>以自己为中心，与周围的人进行握手练习</td><td></td></tr>
<tr><td rowspan="4">4</td><td rowspan="4">按情境练习握手</td><td>情境一：同事之间，年长者与年轻者握手</td><td rowspan="4">师生设计情节，学生进行训练</td><td></td></tr>
<tr><td>情境二：同事之间，年龄相当的男性与女性握手</td><td></td></tr>
<tr><td>情境三：主人与客人之间，客人到来时与告别时的握手</td><td></td></tr>
<tr><td>情境四：同事之间，职务高的年轻者（男性）与职务低的年长者（女性）握手</td><td></td></tr>
</table>

【场景设计三：鞠躬】

序号		实训内容	实训要求	评价
1	按情境练习鞠躬礼	练习不同度数的鞠躬	全班按两人一组，分组练习	
2		情境一：以小组为单位，站在楼梯口师生出入处向师生行 30° 鞠躬问候礼	师生设计情节，学生进行训练	
		情境二：以一周为时间单位，训练日常 15° 鞠躬问候礼		
		情境三：设计服务操作失误情境中的 45° 鞠躬道歉礼		

【场景设计四：介绍礼仪】

序号	实训内容		实训要求	评价
1	自我介绍礼仪训练	情境一：参加朋友聚会	站姿端正 仪态大方 面带微笑 眼神专注 语言亲切 语速适中 讲究顺序	
		情境二：参加面试应聘		
		情境三：参加演讲比赛		
2	为他人作介绍	情境一：参加朋友聚会，介绍他人		
		情境二：介绍客人与本公司领导认识		
		情境三：介绍年长的男性与年轻的女性认识		
3	集体介绍	情境一：家庭聚会，向早到的朋友介绍一位晚来的朋友		
		情境二：主持会务活动，向与会人员介绍本次参会的嘉宾		

【场景设计五：名片礼仪】

序号	实训内容	实训要求	评价
1	同桌之间，相互递交名片	双手递接 注视对方 面带微笑 语言亲切 先后有礼	
2	跟长辈和同事两人递交名片		
3	在圆桌上与多人递交名片		

实施指导

1. 通过训练，纠正见面时不正确的做法，掌握正确、优雅的技能规范；

2. 通过训练，将理论知识转化为学生的内在修养和实际动手能力；

3. 通过学生自评、互评，检验学生对知识技能的掌握程度。

二、综合测评

案例分析

1. 在一次接待某省考察团到访的任务中，小王因为与这个考察团团长熟识，所以作为主要迎宾人员陪同部门领导前往机场迎接贵宾。当考察团团长率领其他工作人员到达后，小王面带微笑地热情走向前，先于部门领导与团长握手致意，表示欢迎，而这时小王旁边的领导已经面露不悦之色。请分析，领导为什么会面露不悦之色？

2. 小张和她的好朋友小莉一起参加朋友的聚会，遇到了她的上司王主任，于是她把小莉介绍给王主任："小莉，这是我们的办公室主任王主任；王主任，这是我的好朋友小莉。"小张的这种介绍对吗？如果你是小张，你会怎么做？

知识检测

选择题

1. 下列关于称呼的说法，不正确的是（　　）。

A. 当称呼长者时，务必要恭敬，不应直呼其名，可敬呼"老张""老王"

B. 只要对方知道自己是在对他说话就没有必要称呼他了

C. 同时与多人打招呼，遵循先长后幼、先上后下、先近后远的原则

D. 同时与多人打招呼，遵循先亲后疏、先近后远、先女后男的原则

2. 正确握手的时长一般为（　　）。

A. 3～4 秒　　B. 5～6 秒　　C. 10 秒

3. 行鞠躬礼一般在距对方（　　）米的地方。在与对方目光交流的时候行礼，且行鞠躬礼时必须真诚地微笑，没有微笑，鞠躬礼是失礼的。

A. 1～2　　B. 2～3　　C. 3～4　　D. 4～5

4. 每天与领导、同事见面、问候，行（　　）。

A. 90° 鞠躬礼　　　　B. 30° 鞠躬礼

C. 15° 鞠躬礼　　　　D. 欠身礼

5. 以下关于名片礼仪的说法，不正确的是（　　）。

A. 名片可放在上衣口袋里，但不可放在裤兜里

B. 向对方递送名片时，如果是坐着的，应当起立或欠身递送

C. 递送名片时，将名片正面对着对方，用双手的拇指和食指分别持握名片上端的两角送给对方

D. 递送名片时，由下位的人递向上位的人，男性递向女性，对于客人则是由客人先递上

6. 下列一般介绍顺序，（　　）是错误的。

A. 将男性介绍给女性

B. 将年轻的介绍给年长的

C. 将先到的客人介绍给晚到的客人

D. 将本公司人员介绍给客户

技能考核

根据表格内容要求进行考核打分。

情境	角色	技能	考核内容	分值	得分
客人来访	接待人员	门口迎接，鞠躬或握手向好 引导客人到办公室门口 敲门进入办公室 介绍客人和经理 递送茶水，送别客人	鞠躬、握手、介绍和递接名片的动作要领	10	
			身体姿态	5	
	客户	随接待人员进入办公室 与主人友好握手 主动递送名片 双手接、看、收好对方的名片 坐下简单交谈，与主人握手告别	眼神、表情	5	
			语言亲切程度	5	
	经理	起身，彼此介绍后，主动与客人握手 请对方入座 双手接、看、收好对方的名片 递送自己的名片 交谈，起身与客人告别	先后顺序	5	
			综合表现	10	

三、21天礼仪习惯养成训练

见面礼仪21天习惯养成打卡

（一）承诺书

执行人承诺书

礼由心生，外化于形。我承诺将在今后的21天里坚持习惯养成打卡，心向美好，律己敬人，努力成为更好的自己。

承诺人：

镜子伙伴承诺书

我承诺在今后的21天里与__________成为镜子伙伴，彼此监督，彼此促进，心向美好，律己敬人，努力成为更好的自己。

镜子伙伴：

（二）21天打卡

打卡任务内容：练习称呼、鞠躬和问候等见面礼节。

打卡任务方式：

1.采用语音式，通过设置不同角色场景，借助微信、电话等媒介形式进行称呼问候训练；

2.采用面对面互动式，生活工作中随时随地提醒自己，与人见面时主动称呼、问候和鞠躬，进行养成训练。

打卡开始时间：

打卡结束时间：

时间	日常	补卡	时间	日常	补卡	时间	日常	补卡
第1天			第8天			第15天		
第2天			第9天			第16天		
第3天			第10天			第17天		
第4天			第11天			第18天		
第5天			第12天			第19天		
第6天			第13天			第20天		
第7天			第14天			第21天		

（“日常”用太阳图示标记；“补卡”用笑脸图示标记。）

（三）感受与反思

____

____

____

____

（四）行动后的评价（满分 10 分）

自我评价：（　　）分。

表现很棒的方面______________________________

有待提升的方面______________________________

镜子伙伴评价：（　　）分。

表现很棒的方面______________________________

有待提升的方面______________________________

智能模型交互实践与知识拓展

智能模型

1. DeepSeek，链接：https://www.deepseek.com

2. 豆包，链接：https://doubao.com

应用场景

模块一　称呼和问候礼仪

模型整理不同国家、地区和文化背景下的称呼和问候方式，生成相关对话场景示例，帮助学生了解多元文化中的礼仪差异。

模块二　握手礼仪

借助模型展示正确握手姿势、力度、时间等要点的图片或视频，分析不同握手方式传达的信息，提供因握手礼仪不当影响商务合作或社交关系的案例。

模块三　鞠躬礼仪

智能模型通过动画或图片演示不同角度鞠躬的含义和适用场合，对比中日韩等国家鞠躬礼仪的差异，生成相关应用场景案例。

模块四　介绍礼仪

利用模型生成自我介绍和介绍他人的规范话术与注意事项，提供商务聚会、求职面试等不同场合的介绍案例，模拟不恰当介绍导致的尴尬场景。

模块五　名片礼仪

智能模型展示名片的正确递接方式、存放位置等规范，通过图片展示名片设计的要点和禁忌，生成因名片礼仪失误给人留下不良印象的案例。

使用方式

学生提出“在国际商务会议中，不同国家的称呼礼仪有什么不同”“交换名片时有哪些需要注意的细节”等问题，智能模型结合具体场景准确解答，讲解各项礼仪规范和注意事项，提供实际案例。

第五单元

语言礼仪

学习目标

1. 掌握交谈礼节的要点和细节。
2. 掌握正确接打电话的规范。
3. 做到理论和实践的有机结合，通过训练，将知识转化为实际动手能力。

模块一 交谈礼仪

案例导入

有这样一个小故事。有一个人总是在酒店里坐着，酒店的人出于好奇问他为什么。他说："唉，我的太太！""她怎么了？""唉，她谈呀，谈呀，谈呀，谈呀……""她谈什么？""关于这一点，她却没有说！"他太太的唠叨散漫而没有主题，以至于他都不知道自己的太太究竟在说什么。为了避免这种唠叨，他逃到了酒店。

思考：上面的故事对你有何启示？

知识导航

交谈是以两个或多个人之间的谈话为基本形式，进行面对面的学习讨论、信息沟通、感情交流、谈心聊天的语言活动。社会交往最基本的形式就是交谈，交谈可以反映一个人的思维能力、文化素质、道德品质等。一个善于使用语言与他人沟通的人，本身就具备了取得成功的可能性。

交谈的关键在于尊重对方和自我谦让，同时交谈者还要注意交谈的表情、态度、内容、表达方式等，只有这样才能使交谈达到传递信息、交流情况、沟通感情的效果。

一、交谈的方式

人们在与他人进行交谈时可采用不同的方式。能否选择恰当的交谈方式，对能否正确进行人际沟通、恰当表达个人思想、友善传达敬人之意等起着关键的作用。为了实现自己的目的，你的沟通方式不能仅仅是温文尔雅的。若想在工作与生活中得到更多你想要的，并尽量避开你不想要的，以下四种交谈方式可以起到决定性的作用。

（一）倡议性交谈

当你的谈话目的是想提出新做法或不同做法时，如提出一个目标、提议一项构想、实施一项策略或提出结构上的改变时，那么你需要的交谈方式是倡议性交谈，与合作伙伴分享新构想、确认新目标、达成新愿景、构建新未来。

例如：你是一位主管，需要宣布一项新的客人服务政策。你宣布的目的就是能够得到同事的配合，但是如果你宣布时语言表达得含糊不清或颐指气使，那么就会导致别人不予响应，只忙自己手头的事，留你独自郁闷，不知该如何实施这项政策。

（二）理解性交谈

当你希望别人了解你的构想的意义，并能与他们目前的工作或个人未来的规划产生关联，以促使对方考虑与你一起合作时，那么你需要的交谈方式是理解性交谈，建立共识，协助人们了解如何参与并将目标付诸实践。

例如：当你向员工解释新的客户服务政策的意义及实施政策的计划，并鼓励员工提出建议和忠告时，你的谈话方式决定了这个政策是有助于员工了解并支持你还是令员工产生困扰与烦恼。

（三）执行性交谈

当你希望别人采取行动或提高业绩时，你需要做出请求或承诺，使他们知道要做什么，以及何时去做，这时你需要的交谈方式是执行性交谈。这是一种请求或承诺，能够帮助大家达成协议、付诸行动并取得成果，也能够明确彼此的责任。有效地运用执行性交谈，可带领别人投入工作、执行任务并产生结果。

例如：你是一位主管，你要求所有员工从当天开始实施新的客户服务政策，并要求每位接受任务的人举手以示同意。这相当于采取行动的“协议”获得了承认，你的“请求”可能快速生效，在当天下午就开始实施。但是，如果你的“请求”过于粗略，员工就无法确定你真正想要什么、何时想要，以及你的“请求”是否真的是件要紧的事。

（四）总结性交谈

当你要感谢别人在工作上的付出，总结一个项目的进度，或者宣布工作已完成时，你需要的交谈方式是总结性交谈。总结性交谈能让大家获得成就感、满足感与价值感，强化责任意识，坦诚看待一路上所遭遇的成功与失败。

例如：新的客户服务政策实施一段时间后，你与下属一起总结客户的评价，分析运作中良好与不顺利的部分。这种情况下的谈话，你可以让他们体验到成就感，并积极提出改进的新构想；同样也可能令他们对每个人是否已真正采用新政策，新政策是否行得通，或者能否从实施过程中学到东西产生疑惑。

二、交谈的礼节

（一）语言恰当

1. 准确流畅

视频：语言礼仪

语言的表达要准确，准确的语言能给人清晰的美感。同时要注意语言的流畅性，尽量避免使用似是而非的语言，去掉过多的口头禅，诸如“这个”“反正”“然后”等。与专业人员交谈使用专业词汇或用语，与非专业人员交谈使用通俗语言。

2. 亲切委婉

交谈过程中，说话应该让人感到亲切，友好、轻松、愉快的语言意味着平等、坦率、诚实。同时要少说命令的话、抱怨的话、讽刺的话、拒绝的话、批评的话，避免使用主观、武断的词语，多说商量的话、鼓励的话、关怀的话、尊重的话、宽容的话。

小案例

一位外国游客邀请某导游到其公司工作，这位导游回答说："谢谢您的一片好意，我还没有这种思想准备，也许我的根扎在中国的土地上太深了，一时拔不出来啊！"这位导游虽未明确表示同意与否，但却委婉地谢绝了游客的提议。

3. 语言有度

谈话要给自己和别人留有余地，要把握好度：时间有度，不可长时间谈话，搞"一言堂"，不让别人有说话的机会；不使用武断性的词语，如"只有""一定""唯一""就要"等不带回旋余地的词语；避免使用夸张的词语；开玩笑要看对象，一般不要随便开女性、长辈、领导的玩笑。

4. 适度表现幽默

在交谈时，应注意语言的幽默感。幽默感是一个人内在涵养的表现。幽默不同于一般的玩笑，更不同于戏谑。幽默，实际上充满敏锐、机智、友善和诙谐，是能力的表现。在人际交往中，遇到棘手问题或尴尬场面，恰当运用幽默，能产生神奇的效果。

小案例

20世纪50年代，在一次接待外宾的国宴上，服务员端上了一道大菜，这道菜由冬笋、蘑菇、红菜组成一幅艳丽的图案。菜上席后，有人用筷子拨动了一下，大家一看竟是一个"卐"形图案。这时，周恩来眼明手快，他一边劝酒一边神态自若地解释道："这不是法西斯的标志，这是我们中国传统的卍（音'万'）字图案，象征'万事如意'，是对远方客人最良好的祝愿！"语音刚落，整个宴会厅的气氛又活跃起来。接着，周恩来幽默地说："就算是法西斯，也没有关系，来，让我们一起动手把它消灭就是了。"这番话逗得客人们哈哈大笑，于是，所有的筷子一齐指向这道菜，来了个"全面进攻"。很快，这幅"法西斯图案"就被彻底消灭了。

（二）举止得体

1. 姿态恰当

交谈的姿态分为站姿和坐姿两种。采用站姿交谈时要挺胸、收腹，男性可将全身的重量均匀分配于两足，使重心稳定；女性应双腿并拢站立。如果是采用坐姿交谈，注意不要交叠双腿，在身份高者面前不应跷二郎腿；尽量不靠椅背，否则会让人以为你很疲劳。如果面前没有桌子，通常双手可以放在大腿或座椅的扶手上；如果有桌子，双手应摆放于桌面上。双手摆放的姿态通常有双手分开放、双手交叉放和双手叠放三种，无论哪种摆放姿态，切忌双肘支在桌面上，通常腕关节至肘关节的 2/3 处接触桌面即可。同时，交谈中手势的运用不要过多或过于频繁，幅度不要过大，变化不要过快，运用的范围应控制在目光所及的区域内。

2. 动作适度

发言者可用适度的手势来补充说明其所阐述的具体事由，倾听者则可以用点头、微笑来反馈“我正在注意听”“我很感兴趣”等信息。可见，适度的举止既可表达敬意，又有利于双方的沟通和交流。

3. 避免过分、多余的动作

与人交谈时动作不可过大，不要手舞足蹈、拉拉扯扯、拍拍打打、左顾右盼，双手置于脑后，或跷起二郎腿，甚至剪指甲、挖耳朵、看手表等。交谈时应尽量避免打哈欠，如果实在忍不住应侧头掩口并向他人致歉，也不要在交谈时以手指指人。

4. 表情恰当

微笑能够缩短人与人之间的距离。让世界灿烂的不止阳光，还有微笑。交谈时面带微笑，也可适当运用眉毛、嘴巴、眼睛等在形态上的变化，表达自己对对方所言的赞同、理解、惊讶、迷惑，从而表明自己的专注之情。尤其是眼神，眼神在面部表情中占据主导地位，所谓“一身精神，具乎两目”，眼神与谈话之间有一种同步效应。

PAC 规律：P—Parent，指用家长式的、教训人的目光与人交流，视线是从上到下打量对方，试图找出错误；A—Adult，指用成人的眼光与人交流，互相之间的关系是平等的，视线从上到下；C—Children，指用小孩的眼光与人交流，目光向上，表示请求或撒娇。

三角定律：根据谈话对象与你关系的亲疏、距离的远近，目光停留或注视的区域有所不同。关系一般、第一次见面或距离较远的，看对方的从额头到肩膀这个大三角区域；关系比较熟、距离较近的，看对方的从额头到下巴这个三角区域；关系亲昵的、距离很近的，看对方的从额头到鼻子这个三角区域。

时间规律：每次目光接触的时间不要超过 3 秒钟。交流过程中用 60% ～ 70% 的时间与对方进行目光交流是最适宜的。少于 60%，说明你对对方的话题、谈话内容不感兴趣；多于 70%，表示你对对方本人的兴趣要多于其所说的话。

交谈时的表情应与说话对象的身份相匹配。与领导谈话，应当恭敬大方；与群众谈话，应当亲切温和；秉公执法时说话，应当严肃认真；与老人谈话，应表现出对长辈的尊敬；与有资历的人谈话，应当谦虚小心、甘当学生。

拓展阅读：
表情知识

（三）距离适当

交谈中，双方之间保持一定的距离是必要的，这样能使交谈轻松自如。交谈的距离应适当，以能听到对方的声音为宜。根据人类学家的观点，人们在交往中身体的空间距离分以下四种：

1. 亲密距离

又称私人距离，在0.5米以内，多用于情侣或夫妻之间，也可用于父母与子女之间或知心朋友之间。两位成年男子之间一般不采用此距离。

2. 社交距离

社交距离一般在0.5～1.5米，表现为伸手可以握到对方的手，但不易接触对方的身体，这一距离对讨论个人问题是很合适的。绝对不要把对方逼到墙边，否则他会觉得你要把他囚禁起来，因而会有压迫感。记得给别人留点转身的空间，这意味着他能自由转身离开。

3. 礼仪距离

礼仪距离一般在1.5～3米，用于较正式的交往关系。该距离主要适用于向交往对象表示特有的敬重，可用于举行会议、仪式等。

4. 公众距离

又称大众距离或者“有距离的距离”。公众距离指大于3米的空间距离，一般适用于演讲者或听众，主要适用于与自己不相识的人共处。

拓展阅读：
谈话十要十忌

（四）遵守惯例

1. 倾听的六要素

S—Smile微笑；O—Open Posture准备注意倾听的姿势；F—Forward Lean身体前倾；T—Tone音调；E—Eye Communication目光交流；N—Nod点头。合起来就是SOFTEN。

2. 倾听的要点

（1）注意倾听。倾听是与交谈过程相伴而行的一个重要环节，也是交谈顺利进行的必要条件。在交谈时，务必认真聆听对方的发言，用表情、举止予以配合，从而表达自己的敬意，并为积极融入交谈做充分的准备。切不可追求“独角戏”，对他人的发言不闻不问，甚至随意打断对方的发言。

（2）谨慎插话。交谈中不应该随意打断别人的话，要尽量让对方把话说完再发表自己的看法。如确实想要插话，应向对方打招呼：“对不起，我插一句行吗？”但所插之言不可冗长，且不宜提及与谈话内容无关的话题。

（3）礼貌进退。参与别人的谈话之前应先打招呼，征得对方同意后方可加入。有人与自己交谈，应乐于交谈。第三人想参加交谈，应以微笑、握手、点头表示欢迎。不要凑上去旁听别人的谈话，若确实有事需与其中某个人说话，也应等别人谈完后再提出。谈话中若遇有急事需要离开去处理，应向对方解释并表示歉意。

知识拓展：网络聊天的礼仪

模块二

电话礼仪

案例导入

在某旅行社实习的秘书小魏第一天上班，被安排在接电话的岗位上。由于心情十分激动，第一次遇到外来电话，铃声刚起，她就积极地抓起电话：“喂，你找谁？”第二次接电话时，是对方打错了，小魏一听就告诉对方“你打错了”，然后就挂上了电话。第三次接电话时，小魏在第二遍铃声后拿起听筒，对方没有说明来意就直接要找总经理：“请李总接电话。”小魏很兴奋地说：“李总外出和吉利公司的张老板打保龄球去了。”对方说：“你知道李总的手机号码吗？”小魏热情地帮对方查了号，并在对方的道谢声中说了再见。她觉得自己处理得很好。

思考：小魏以上的做法是否有不妥之处？接电话有哪些礼仪和注意事项？如何通过电话礼仪来展现工作人员的素质和企业的形象，给客人留下良好的印象？

知识导航

打电话看似很容易，对着话筒同对方交谈，觉得和当面交谈一样简单，其实不然，打电话大有讲究，可以说是一门学问、一门艺术。随着信息时代的来临，现代人的交往在很大程度上依赖于各式各样的便捷通信工具，电话是当前社会生活中最普及的信息传递工具之一，更是服务行业最重要、使用最频繁的通信工具。然而，工作人员使用电话，不仅是一个信息传递的过程，还体现着工作人员的个人修养和工作态度，进而折射出一个企业的整体形象。因此，每位工作人员在接打电话时都应掌握和运用一定的礼仪规范和技巧。

对照下表中一些常见的电话接打习惯，请先回想一下你自己通常是如何做的。

表 5-1 常见的电话接打习惯

问题情境	不良表现	你的实际表现
接听电话时	1. 电话铃响得令人不耐烦了才拿起听筒。	
	2. 对着话筒大声地说："喂，找谁啊？"	
	3. 一边接电话一边嚼口香糖。	
	4. 一边和朋友说笑一边接电话。	
	5. 遇到需要记录某些重要数据时，总是在手忙脚乱地找纸和笔。	
拨打电话时	1. 抓起话筒却不知从何说起，语无伦次。	
	2. 使用"超级简略语"，如"我是三院的 ×××"。	
	3. 挂了电话才发现还有问题没说。	
	4. 抓起电话粗声粗气地对对方说："喂，找一下刘经理。"	
转达电话时	1. 抓起话筒向着整个办公室吆喝："小王，你的电话！"	
	2. 态度冷淡地说"陈科长不在"，随即挂断电话。	
	3. 让对方稍等，自此不再过问。	
	4. 答应替对方转达某事却未告诉对方你的姓名。	
遇到突发事件时	1. 对对方说完"这事儿不归我管"就挂断电话。	
	2. 接到客户索赔电话，态度冷淡或千方百计为公司产品辩解。	
	3. 接到打错了的电话很不高兴地说"打错了"，然后粗暴地挂断电话。	
	4. 电话受噪声干扰时，大声地说"喂，喂，喂……"，然后挂断电话。	

一、塑造美好的电话形象

电话形象是电话礼仪的主旨所在，指的是人们在使用电话时所留给通话对象及其他在场者的总体印象。一般而言，它是由使用电话时的态度、表情、语言、内容及时间等各个方面组合而成的。无论是在工作岗位上还是在日常生活中，一个人的电话形象都体现着其修养和为人处世的风格，并且可以使与其通话者不必会面即可在无形之中对其有所了解，对其为人处世做出大致的判断。其实，电话就像一部测谎仪，通话双方可以从说话人的语调、节奏、停顿和背景声音听到"话外之音"。因此，在日常交往和服务工作中，我们一定要特别注意电话礼仪，维护自己的电话形象。

为了塑造良好的电话形象，无论是发话人还是受话人，通话时都要注意通话时机、通话长度、通话态度这三要素，做到声音温和、内容简洁、语言文明、态度谦恭。

（一）通话时机

通话要选择合适的时间，早上 7 点以前、晚上 10 点以后不宜给别人打电话。用餐时间不宜给别人打电话，以免影响别人休息和用餐。按照惯例，通话的最佳时间有两种：一是双方预先约定的时间，二是对方方便的时间。

（二）通话长度

通话要简短明了，注意通话长度，遵循电话礼仪的“三分钟原则”，即每次通话的时间应控制在三分钟以内；打电话前应把要说的话想清楚，“以短为佳，宁短勿长”；接电话时电话铃响后应遵循“铃响不过三声”的原则马上接听，接听让人久等的电话要向来电者致歉。

（三）通话态度

通话时态度应当谦和，最好用左手拿起话筒，右手随时准备记录，以端正的姿势面带微笑地与对方通话。声音要轻柔，要注意语气、语调。接电话要慎用免提，冲着免提电话大声说话是不礼貌的。如果必须使用免提电话，则需征询对方的意见。免提电话只在必要时使用。

图 5－1 通话礼仪

要认真聆听发话人的谈话和要求，重要内容还要边听边记，并向对方复述一遍。通话中，应礼貌地呼应对方，不要轻易打断对方的讲话。通话时不能吃东西，不要把话筒夹在脖子下，不要抱着电话机随意走动。

通话结束时，应礼貌道别。挂电话时，应轻放话筒。

二、接打电话的礼仪

（一）基本礼仪

视频：电话礼仪

1. 重要的第一声

当打电话给某单位时，若一接通就能听到对方亲切、优美的招呼声，心里一定会很愉快，使双方对话能顺利展开，对该单位也有了较好的印象。通话中，只要稍微注意一下自己的行为，声音清脆、悦耳，吐字清晰，就能给对方留下好的印象。因此，接电话时应有“代表单位形象”的意识。

2. 要有喜悦的心情

打电话时要保持良好的心情，这样对方即使看不见你，也能从你欢快的语调中感受到你的愉悦，从而对你产生好感。由于面部表情会影响声音的变化，因此即使在通话中，也要抱着“对方正看着你”的心态去应对。

3. 清晰明朗的声音

打电话过程中绝对不能吸烟、喝茶、吃零食，即使是懒散的姿势，对方也能够“听”得出来。如果你打电话的时候，弯着腰躺在椅子上，对方听到的你的声音就是懒散的、无精打采的；若你坐姿端正，所发出的声音也会亲切悦耳、充满活力。因此，打电话时，即使看不见对方，也要当作对方就在眼前，时刻注意自己的姿势。

4. 迅速准确地接听

现代工作人员业务繁忙，桌上往往会有两三部电话。听到电话铃声，应准确而迅速地拿起听筒，最好在3声之内接听。电话铃响一声大约3秒钟，若长时间无人接电话或让对方久等，都是很不礼貌的。即便电话离自己很远，听到电话铃声后，若附近没有其他人，也应该用最快的速度拿起听筒，这样的态度是每个人都应该有的，这样的习惯是每个办公室工作人员都应该养成的。如果电话铃响了5声才拿起话筒，应该先向对方道歉；若电话响了许久，接起电话只是“喂”了一声，对方会十分不满，会给对方留下恶劣的印象。

5. 简洁完备地记录

“5W1H”技巧，即When何时（时间）、Who何人（人员）、Where何地（地点）、What何事（对象）、Why为什么（目的）、How如何进行（方法）。在工作中，这些信息对打电话、接电话具有相同的重要性。电话记录既要简洁又要完备，有赖于“5W1H”技巧。

6. 了解来电的目的

上班时间打来的电话几乎都与工作有关，公司的每个电话都十分重要，不可敷衍，即使对方要找的人不在，也不能只说“不在”就把电话挂了。接电话时应尽可能问清事由，避免误事。首先应了解对方来电的目的，如自己无法处理应认真记录下来，委婉地探求对方来电的目的，才能不误事而且能赢得对方的好感。

7. 养成复述习惯

为了防止听错电话内容，一定要当场复述。特别是同音不同义的词语及日期、时间、电话号码等数字内容，务必养成听后立刻复述、予以确认的良好习惯。文字不同，一看便知，但读音相同或极其相近的词语，通电话时极容易搞错，因此，对容易混淆、难以分辨的词语要加倍注意，放慢速度，逐字清晰地发音。

8. 挂电话前的礼貌

要结束电话交谈时，一般应当由打电话的一方提出。挂电话时，应由尊者先挂，不可只管自己讲完就挂断电话。

（二）拨打电话的礼仪要求

打电话是电话礼仪的一个主要内容。拨打电话的人是发话人，是主动的一方，而接听电话的人是受话人，是被动的一方。因而在整个通话过程中，拨打电话的人起着支配作用，一定要积极塑造自己完美的电话形象。

在打电话时，必须把握通话的时间、内容和分寸，使得通话时间适宜、内容精炼、表现有礼。把握好通话时机和通话长度，既能使通话更富有成效，显示通话人的干练，又能显示对通话对象的尊重。反之，如果莽撞地在受话人不便的时间通话，就会造成尴尬的局面，非常不利于双方关系的发展。如果把握不好通话时间，谈话过于冗长，也会引起对方的负面情绪。此外，打电话时忌讳通话内容不着要领、语言啰唆、思维混乱，这样很容易引起受话人的反感。通话内容精炼、简洁是对通话人的基本要求，要做到以下几点：

1. 预先准备

在拨打电话之前，对自己想要说的事情做到心中有数，尽量梳理出清晰的顺序，做好打电话计划表。做好这样的准备后，在通话时就不会出现颠三倒四、现说现想、丢三落四的现象了，同时会给受话人留下高素质的好印象。回想一下自己有多少次和别人通话时出现了疏漏，就明白打电话前几十秒钟的思考有多么重要。另外，还要尽可能在 3 分钟之内结束通话。实际上，3 分钟可讲大约 1 000 个字，相当于两页半稿纸上的内容，按理说是完全够用的。如果一次电话用了 5 分钟甚至 10 分钟，那么一定是措辞不当，未抓住要领、突出重点。

图 5－2 电话礼仪

表 5－2 打电话计划表

对方姓名		电话号码		分机	
公司名称		分部		职位	
通话时间					
打电话的目的					
需要提出的问题					
需要回答的问题					
需要准备的相关资料					
日期			打电话人		
结　果					
跟　踪					
备　注					

2. 简洁明了

电话接通后，发话人对受话人的讲话要务实，在简单的问候之后，应开宗明义、直奔主题，不要讲空洞、啰唆、重复的话，更不要偏离话题、节外生枝或者没话找话。在通话时，最忌讳发话人东拉西扯、思路不清，或者一厢情愿地认为受话人有时间陪自己聊天、共煲“电话粥”。

3. 表现有礼

拨打电话的人在通话的过程中始终要注意待人以礼，举止和语言都要得体大度，尊重通话对象，并照顾通话环境中其他人的感受。

（三）接听电话的礼仪要求

接听电话的人虽然处于被动的位置，但是也不能在礼仪规范上有所松懈。拨打电话的人可能是你的上级，可能是合作方，也可能是对你很有帮助的友人，因此在接听电话时，要注意礼貌和得体，不能随随便便。

当接听打给自己的电话时，无论对方地位尊卑，都要待人以礼，并做到以下几点：

1. 及时接听

电话铃声响起，要立即停下自己手头的事，尽快接听。不要等铃声响过很久之后，才姗姗来迟或者让小孩子代接电话。一个人是否能及时接听电话，从一个侧面反映出其待人接物的诚恳程度。一般而言，在电话铃声响三遍之前拿起话筒比较合适。“铃响不过三声”是基本礼貌，也是一种体谅拨打电话的人的态度。铃声响起很久不接电话，拨打电话的人也许会以为没有人接而挂断电话。如果接电话不及时，应向对方说：“抱歉，让您久等了。”

2. 谦和应对

在接电话时，首先要问候，然后自报家门，向对方说明自己是谁。向发话人问好，也有向发话人表示打来的电话有人接听的意思。自报家门是为了确认自己是否是发话人真正要通话的对象。

在私人住所接听电话时，为了安全起见，可以不必自报家门，或者只向对方确认一下电话号码以确定对方是否找对了人。即使对方拨错了电话，也不要勃然大怒，而要耐心解释。

在接听电话时，要聚精会神，认真领会对方的话，而不要心不在焉，甚至把话筒搁在一旁，任凭通话人“自言自语”而不顾。

3. 分清主次

其一，电话铃声一旦响起，接电话就成为最紧急的事情，其他事情都可以先放一边。接听电话时，不要再与旁人交谈或者看文件、吃东西、看电视、听广播等。

其二，有时候确实有无法分身的情况，如自己正在会晤重要的客人或者在会议进行中，不宜与来电话的人深谈。此时可以向来电话的人简单说明原因、表示歉意，并主动约一个双方都方便的时间，由自己主动打电话过去。一般而言，在这种情况下，不应让对方再打过来一次，而应由自己主动打过去，尤其是在对方打长途电话的情况下。约好了下次通话的时间，就要遵守约定按时打过去，并向对方再次表示歉意。

其三，如果在接听电话的时候，适逢另一个电话打了进来，切记不要中断通话，而要向来电话的人说明原因，要他不要挂断电话，稍等片刻。去接另一个电话的时候，接通之后也要请对方稍等片刻或者请他过一会儿再打进来，或者自己过一会儿再打过去。等对方理解之后，再继续方才正接听的电话。

（四）转达电话的礼仪技巧

1. 关键字句要清楚

工作中经常有这种情况出现：有人打电话找主管，主管却不在办公室。这时，代接电话者态度一定要热情，可用下面的方法明确告诉对方主管不在。

（1）告诉对方主管回公司的时间，并询问对方：“要我转达什么吗？”对方可能会说出下列几种愿望：稍后再打电话；想尽快与主管通话；请转告主管……如果主管暂时不能回公司，则可告诉对方：“主管出差在外，暂时无法联系，如有要紧事，方便的话，可由我负责与主管联系。”

（2）当来电者不便告知具体事项时，要留下来电者的姓名、电话、公司的名称。

（3）若受来电者委托转告，则应边听对方讲边复述，并按“5W1H”原则认真记录。

（4）给主管打电话联系时，应告诉主管来电者的姓名、公司名称、电话号码、打来电话的时间，并与主管一一确认。

无论如何，都必须复述对方姓名及所讲事项。通话结束应道别：“我叫 ××，如果主管回来，定会立刻转告。”自报姓名，目的是让对方感到自己很有责任感，办事踏实可靠，让对方放心。

2. 慎重选择理由

如果被指定接电话的人不在，代接电话的人应学会应对各种情况：

（1）告诉对方 ××× 不在办公室时，应注意不要让对方产生不必要的联想，尤其不能告诉对方 ××× 的出差地点，因为其出差所办之事或许正是不能让对方觉察和知晓的商业秘密。

（2）如果遇到领导正在参加重要会议，突然接到紧急电话，怎么办？这时应准确判断、妥当处理。如果领导有约在先，则告知对方：“开会期间，不得打扰。”要想谋求一个两全其美的办法，既不中断会议，又不打扰领导，可写纸条传递给领导，在纸条上写“××先生电话找您，接电话（　　），不接（　　），请画√”。领导一目了然，瞬间即可画好√。如此这般，既不会影响会议，领导又能当场定论，是一种很适合的方法。

拓展阅读：接打电话常用语

（五）应对特殊事件的礼仪技巧

1. 听不清对方的话语时

当听不清楚对方讲话时，进行反问并不失礼，但方法必须得当。如果惊奇地反问“咦”或怀疑地回答“哦”，对方定会觉得无端地招人怀疑、不被信任，从而产生愤怒情绪，连带对你印象不佳。但如果客客气气地反问“对不起，刚才没有听清楚，请再说一遍好吗”，对方定会耐心地重复一遍，丝毫不会生气。

2. 接到打错了的电话时

有一些职员接到打错了的电话时，常常冷冰冰地说：“打错了。”最好能这样告诉对方：“这是 ×× 公司，您找哪位？”如果自己知道对方所找公司的电话号码，不妨告诉对方，也许对方正是本公司潜在的客户，也可使对方对公司抱有初步好感，说不定就会成为本公司的客户，甚至成为公司的忠诚支持者。

3. 遇到自己不知道的事时

有时候，来电者在电话中一个劲儿地谈自己不知道的事，而且像竹筒倒豆子一样没完没了。受话人碰到这种情况，常常会感到很恐慌，虽然一心企盼着有人能尽快来接电话，将自己救出困境，但往往迷失在对方喋喋不休的陈述中，好长时间都不知道对方到底找谁，待电话讲到最后才醒悟过来：“关于 ×× 事呀！很抱歉，我不清楚，负责人才知道，请稍等，我让他来接电话。”碰到这种情况，应尽快弄清对方的意图。

4. 接到领导亲友的电话时

领导对部下的评价常常会受到其亲友印象的影响。打到公司来的电话，并不局限于工作关系。领导及前辈的亲朋好友，常打来与工作无直接关系的电话。他们对接电话人的印象，会在很大程度上左右领导对接电话人的评价。

例如：当接到领导夫人找领导的电话时，由于你忙着赶制文件，时间十分紧迫，根本顾不上寒暄问候，而是直接将电话转给领导就完了。当晚，领导夫人也许就会对领导说：“今天接电话的人，不懂礼貌，真差劲。”简单一句话，便会使领导对你的印象一落千丈。可见，领导及前辈的亲朋好友对下属职员的一言一行非常敏感，期望值很高，应切记时刻严格要求自己。

5. 接到顾客的索赔电话时

索赔的客户也许会牢骚满腹甚至暴跳如雷，如果被索赔方缺乏理智，像对方一样感情用事，以唇枪舌剑回击客户，不但于事无补，反而会使矛盾升级。正确的做法是：处之泰然，洗耳恭听，让客户诉说不满，并耐心等待客户心静气消。其间切勿说“但是”“话虽如此，不过……”之类的话进行申辩，应一边肯定顾客话中的合理成分，一边认真琢磨对方发火的缘由，找到正确的解决方法，用肺腑之言感动顾客，从而化干戈为玉帛，获得顾客谅解。

面对顾客提出的索赔事宜不能解决时，应将索赔内容准确、及时地告诉负责人，请他出面处理。闻听索赔事宜绝不是一件愉快的事，而要求索赔的一方心情同样不舒畅。也许要求索赔的客户还会在电话中说出过激的话，但即使这样，到最后道别时仍应加上一句："谢谢您打电话来。我们今后一定加倍注意，那样的事绝不会再发生。"这样不仅能稳定对方情绪，而且能让其对公司产生好感。正所谓"精诚所至，金石为开"，对待索赔客户一定要诚恳，用一颗诚挚的心感动客户，以化解怨恨，使之从这次处理得当、令人满意的索赔过程中理解与支持本公司，甚至成为公司产品的支持者。通过对索赔事件的处理，接电话的人也能了解公司的不足之处，并以此为突破口加以改进。

拓展阅读：手机礼仪

育人园地

"不积跬步，无以至千里；不积小流，无以成江海。"语言礼仪细节虽小却是"天大的小事"，唯有从点滴小事做起，我们才能让语言礼仪在全社会蔚然成风，语言礼仪才能真正拥有感染力、凝聚力、推动力，进而升华为一种城市的名片、一种国家的形象、一种民族的精神。

公元前221年，秦始皇统一六国后，实行"书同文"，改变了战国时期的"言语异声、文字异形"的状况，同时还采取了一系列措施，加大国家统一力度，如修驰道、去险阻、统一度量衡等。上述措施促进了经济的发展和文化的发达，这就使得语言文字不仅成为重要的交际工具，而且变成促进文化发展的强有力纽带，使我们这样一个多民族、多语言、多文字的国家构成稳固的、统一的中华民族大家庭。

从秦汉一直到今天，中国社会虽然经历了东汉末年由诸侯混战而分为三国、唐代末年由藩镇之乱而发展为五代十国，但是在整个历史过程中，分裂都是短期的、变动的，而统一是长期的、稳定的。历史告诉我们，文化是构建民族共同意识的纽带，而语言文字则是促进文化发展的重要推动力。各民族保持和发展本民族的优秀文化，同时又把统一的中华文化作为民族发展的主要文化。

习近平总书记指出，语言相通是人与人相通的重要环节。语言不通就难以沟通，不沟通就难以达成理解，就难以形成认同。当代新生事物如潮涌来，总会良莠不齐。正因为不同时代都有不同的语言创新。然而，创新不等于想怎么说就怎么说，"说规范话、写规范字"既是社会交流的前提，更是端正传播价值观、传播端正价值观的必需，它正是语言创新的边界。事实证明，只有在此框架内，语言才会在创新中获得丰富而健康的时代内涵。

礼仪训练营

项目任务目标

1. 掌握交谈礼节的要点和细节；
2. 掌握正确接打电话的规范。

一、任务场景训练

【场景设计一：交谈方式】

序号	实训内容	实训要求	评价
1	模拟家庭场景，试用理解性交谈方式交谈	全班按两人一组，分组练习	
2	以酒店为例，模拟前台服务场景，注意交谈礼仪的运用	师生设计，学生进行训练	

【场景设计二：电话礼仪】

<table>
<tr><th>序号</th><th colspan="2">实训内容</th><th>实训要求</th><th>评价</th></tr>
<tr><td>1</td><td colspan="2">接听电话常用礼貌用语练习</td><td>全班按两人一组，分组练习</td><td></td></tr>
<tr><td>2</td><td colspan="2">拨打电话常用礼貌用语练习</td><td>进行男女生分组练习</td><td></td></tr>
<tr><td rowspan="4">3</td><td rowspan="4">按情境练习</td><td>情境一：给客户打电话</td><td rowspan="4">师生设计情节，学生进行模拟</td><td></td></tr>
<tr><td>情境二：接到客户投诉电话</td><td></td></tr>
<tr><td>情境三：接到打错的电话</td><td></td></tr>
<tr><td>情境四：接到待转的电话</td><td></td></tr>
</table>

实施指导

1. 通过训练，让学生掌握使用不同交谈距离进行交谈效果的影响；
2. 通过训练，将理论知识化为学生的内在修养和实际动手能力；
3. 通过学生自评、互评，检验学生对知识技能的掌握程度。

二、综合测评

案例分析

由于哥哥工作的酒店人员紧缺，小王周末去帮忙。周日早上七点半左右，酒店的常客毛先生便打电话到前台，询问同公司的王总住在几号房。小王接到电话后，在电脑上查到王总住在 901 房间，而且并未要求电话免打扰服务，便对毛先生说："我帮您转过去。"说完就把电话转到了 901 房间。此时王先生因昨晚旅途劳累还在休息，接到电话就抱怨下属不该这么早吵醒他，为此很生气，并向经理投诉了小王。小王觉得很委屈："一大早好心帮客人转接电话反而受了一肚子气，我错了吗？"

知识检测

选择题

1. 双方通电话，应由谁挂断电话？（　　）

A. 主叫先挂电话

B. 被叫先挂电话

C. 尊者先挂电话

D. 不做要求，谁先讲完谁先挂电话，最好同时挂电话

2. 希望别人了解你的构想的意义，并能与他们目前的工作产生关联，以促使对方考虑与你一起合作，此时你采用的是（　　）方式。

A. 倡议性交谈　　　　B. 理解性交谈

C. 执行性交谈　　　　D. 总结性交谈

3. 我们要根据谈话对象与自己关系的亲疏、距离的远近，决定目光注视的区域。关系一般或第一次见面、距离较远的，则看（　　）。

A. 对方的眼睛到额头这个三角区域

B. 对方的额头到下巴这个三角区域

C. 对方的额头到鼻子这个三角区域

D. 对方的额头到肩膀的这个大三角区域

技能考核

结合职场中常见的接电话的实际表现，做以下"是"或"否"的测试：

1. 电话一响立即接或者响过四五声再从容地接起来。（　　）

2. 如果不是本部门的电话，就没必要理，免得耽误正常的工作。（　　）

3. 如果是其他同事的业务电话，要立即大声喊他来接。（　　）

4. 手头工作实在太忙的时候，可以不接电话或是直接把电话线拔掉。（　　）

5. 如果两部电话同时响起来，只能接一部，另一部不用管。（　　）

6. 快下班的时候，为了能更好地解答客人的咨询，让客人改天再打电话来。（　　）

7. 接客人电话的时候，要注意严格控制时间长度，牢记"三分钟"原则。（　　）

8. 如果电话意外中断了，即使知道对方是谁也不应该主动打过去，而是等对方打过来。（　　）

9. 接到打错的电话，不用理会，马上挂掉，不能耽误工作时间。（　　）

10. 在和客人谈事的时候，如果手机响，应该避开客人到其他地方接听。（　　）

说明：如果你有两道以上的题回答"否"，说明到了要注意自己电话形象的时候

了。如果“否”了四个以上，你的电话形象已经影响到个人和企业的形象、业务的地步，改变已经刻不容缓了。

三、21天礼仪习惯养成训练

语言礼仪21天习惯养成打卡

（一）承诺书

执行人承诺书

礼由心生，外化于形。我承诺将在今后的21天里坚持习惯养成打卡，心向美好，律己敬人，努力成为更好的自己。

承诺人：

镜子伙伴承诺书

我承诺在今后的21天里与__________成为镜子伙伴，彼此监督，彼此促进，心向美好，律己敬人，努力成为更好的自己。

镜子伙伴：

（二）21天打卡

打卡任务内容：练习礼貌用语、接打电话用语。

打卡任务方式：

1. 采用语音式，通过设置不同角色场景，借助电话、手机等媒介形式进行语言礼仪练习。

2. 采用线下面对面的方式，进行礼貌用语、尊称的练习及使用。

打卡开始时间：

打卡结束时间：

时间	日常	补卡	时间	日常	补卡	时间	日常	补卡
第1天			第8天			第15天		
第2天			第9天			第16天		
第3天			第10天			第17天		
第4天			第11天			第18天		
第5天			第12天			第19天		
第6天			第13天			第20天		
第7天			第14天			第21天		

（“日常”用太阳图示标记；“补卡”用笑脸图示标记。）

（三）感受与反思

____

____

____

____

（四）行动后的评价（满分 10 分）

自我评价：（　　）分。

表现很棒的方面______________________________

有待提升的方面______________________________

镜子伙伴评价：（　　）分。

表现很棒的方面______________________________

有待提升的方面______________________________

智能模型交互实践与知识拓展

智能模型

1. DeepSeek，链接：https://www.deepseek.com

2. 豆包，链接：https://doubao.com

应用场景

模块一　交谈礼仪

智能模型生成不同场合下的礼貌用语、沟通技巧和话题选择示例，分析语言表达中的语气、语速、语调等要素的作用，提供因语言不当导致沟通失败的案例并进行分析。

模块二　电话礼仪

借助智能模型给出接听、拨打电话的礼仪规范，如开头语、结束语、通话中的注意事项等，生成电话沟通模拟场景，展示正确的和错误的电话礼仪。

使用方式

学生输入“如何在电话沟通中展现专业形象”“与客户交谈时的禁忌话题有哪些”等问题，智能模型给出相应建议和技巧，帮助学生提升交谈和电话礼仪。

第六单元

社交礼仪

学习目标

1. 掌握馈赠的原则和礼节、接受馈赠的分寸。
2. 掌握基本宴会礼仪及用餐礼仪、中西餐餐具的使用礼仪及座次和桌次的排列方法。
3. 掌握乘车礼仪及电梯礼仪的礼仪规范。
4. 有效运用所学知识，将馈赠礼仪、宴会礼仪、出行礼仪运用到工作和日常生活中。

模块一

馈赠礼仪

案例导入

美国作家欧·亨利在其著名的小说《麦琪的礼物》里讲了这样一个故事：一位妻子十分想在圣诞节送给丈夫一份礼物，她盼望能买得起一条表链，以匹配丈夫祖上留下的一只表。因为没有钱，所以她把自己秀丽的长发剪下来卖了。圣诞之夜，妻子为丈夫献上了自己的礼物——一条精美的表链。而丈夫也在惊愕之中拿出了他献给妻子的礼物，竟是一枚精致的发卡。原来，丈夫为了给妻子买礼物，把自己的表卖了。这时，他们紧紧地拥抱在一起，彼此的爱成为这圣诞之夜唯一的却是最珍贵的礼物。

思考：在日常生活中，人们交往馈赠礼物需要注意哪些问题呢？

知识导航

交往中相互馈赠礼物，是人类社会生活中不可缺少的内容。中国人一向崇尚礼尚往来，《礼记·曲礼上》说：“礼尚往来。往而不来，非礼也；来而不往，亦非礼也。”

一、馈赠概述

（一）馈赠的含义及意义

视频：馈赠礼仪

馈赠是人们在社交过程中通过赠送给交往对象一些礼物来表达对对方的尊重、敬意、友谊、纪念、祝贺、感谢、慰问、哀悼等情感与意愿的一种交际行为。

馈赠以礼品作为媒介，能够与交往对象建立很好的沟通渠道，充分表达对对方的友情与敬意。馈赠的目的在于沟通感情和保持联系，所以它不仅是一种行为方式，更是一种体现馈赠者的人品和诚意的方式。

（二）馈赠的六要素

得体的馈赠要考虑六个方面的问题：送给谁（Who），为什么送（Why），送什么（What），何时送（When），在什么场合送（Where），如何送（How）。也就是要考虑馈赠对象、馈赠目的、馈赠内容、馈赠时机、馈赠场合、馈赠方式六个要素，简称馈赠“5W1H”原则。

1. 馈赠对象

馈赠对象即馈赠客体，是赠物的接受者。馈赠时要考虑馈赠对象的性别、年龄、职位、身份、性格、喜好、数量等因素。

2. 馈赠目的

馈赠目的即馈赠动机。任何馈赠都是有目的的，或为表达友谊，或为祝颂庆贺，或为酬宾谢客，或为慰问哀悼。馈赠动机应高尚，以表达情谊为宜。

3. 馈赠内容

馈赠内容即馈赠物，是情感的象征或媒介，包括赠物和赠言两大类。赠物可以是一束鲜花、一张卡片或一件纪念品；赠言则有多种形式，如书面留言、口头赠言、临别赠言、毕业留言等。馈赠时，应考虑赠物的种类、价值的大小、档次的高低、包装的式样、蕴含的情义等因素。

4. 馈赠时机

馈赠时机即馈赠的具体时间和情势，主要应根据馈赠主体和客体的关系，以及馈赠形式来决定。

5. 馈赠场合

馈赠场合即馈赠的具体地点和环境，主要应区分公务场合与私务场合，根据馈赠的内容和形式来选择适当的场合。

6. 馈赠方式

馈赠方式主要有亲自赠送、托人转送、邮寄运送等。

二、赠送礼仪

（一）礼品的选择

1. 根据馈赠目的选择礼品

视频：赠送礼仪

送礼在本质上应被视为向他人表示友好、尊重与亲切之意的方式。只有本着这一目的，才能正确地选择适当的礼品，才能准确地表达自己的情意，才能使所赠礼品发挥正常功效。

公司庆典一般送上一篮鲜花；慰问病人可以送鲜花、营养品、书刊等；朋友生日可以送卡片、蛋糕等；庆祝节日可以送健康食品、当地特产；旅游归来可以送当地人文景观纪念品及土特产；走亲访友一般送精致水果、糖酒食品等。

2. 根据馈赠对象选择礼品

（1）考虑彼此的关系现状。在选择礼品时，必须考虑自己与馈赠对象之间的关系现状，不同的关系应当选择不同的礼品。应根据与馈赠对象的亲缘关系、地缘关系、业缘关系、性别关系、友谊关系、文化习惯关系、偶发性关系等，选择不同的礼品。例如：玫瑰是爱情的象征，是送给女友或妻子的佳礼，但若把它随便送给一位普通关系的异性朋友，就可能引起不必要的误会。

（2）了解馈赠对象的爱好和需求。根据馈赠对象的爱好和实际需求来选择礼品，往往可以增加礼品的实用性，也能增加受礼者对送礼者的好感和信任。因为在馈赠对象看来，只有了解和关心他的人，才会明白他的需求。正如鲜花赠予美人、宝刀赋予壮士，可以使礼品获得增值效应。例如：向取得佳绩的学生赠送有益的书籍；向书法爱好者赠送文房四宝；向音乐爱好者赠送乐器等。

（3）尊重对方的禁忌。在礼品的选择过程中，应细致地了解馈赠对象的个人禁忌，以免适得其反。

一般而言，选择礼品时不应忽视的禁忌有四类：第一，个人禁忌。送情侣表给一位刚刚守寡的女士，送烟给一位从不吸烟的长者，都会触犯对方的私人禁忌。第二，民俗禁忌。如俄罗斯人最忌讳送钱给别人，因为这意味着施舍和侮辱，汉族人忌送钟（谐音终）、伞（谐音散），因为这意味着不吉利。第三，宗教禁忌。如对伊斯兰教徒不能送酒，因为他们认为酒是万恶之源。第四，伦理禁忌。如各国均规定不得将现金和有价证券送给并无私交的公务人员。

（二）礼品的包装

正式的礼品都应精心包装。良好的包装将使礼品显得更加精致、郑重、典雅，给受赠者留下美好的印象。在赠送礼品给外国友人时，尤其应当注意。

礼品包装时应注意包装的材料、容器、图案、造型、商标、文字、色彩的选择和使用符合相关政策法规和习俗惯例，不触及或违反受赠方的宗教和民俗禁忌。有的国家对数字的禁忌也是礼品包装所要注意的问题。例如：日本忌讳“4”和“9”这两个数字，因此出口日本的产品就不能以“4”为包装单位，像4个杯子一套、4瓶酒一箱这类包装在日本都不受欢迎；欧美人忌讳数字“13”，送礼时也应避开这个数字。

图6－1 礼盒

包装礼品时，应根据世界各国的生活习俗，选择适宜的色彩。例如：日本人忌绿色喜红色；美国人喜欢鲜明的色彩，忌用紫色。

（三）赠送的时机

赠送礼品必须选择恰当的时机，应把握以下四点：

一是选择最佳时机。如亲友结婚、生子，交往对象乔迁、晋级、遭受挫折、生病住院，向对方表示感谢等，都是送礼的最佳时机。

二是选择具体时间。一般而言，客人应在见面之初向主人送上礼品；主人应当在客人离去之时把礼品送给对方。另外，送礼还应考虑在对方方便之时，或选取某个特定时间给对方惊喜。

三是控制送礼时长。送礼时长以简短为宜，只要向对方说明送礼的意图及相应的礼品寓意后即可，不必过分渲染。

四是注意时间忌讳。不必每逢良机便送礼，致使礼多成灾。尽量不要选择对方不方便的时候送礼，如对方刚刚做完手术尚未痊愈之时就不宜送礼。

（四）赠送的场合

送礼时应注意区分公务场合与私务场合。在公务交往中，一般应选择工作场所或交往地点赠送礼品；而在私人交往中，则宜于私下赠送，馈赠对象的家中通常是最佳地点。

（五）赠送的方式

一是说明意图。应在适当的时机和场合赠送礼品，送礼前应先向对方致意，简要、委婉地说明送礼的意图，如“祝您工作顺利”“真是感谢您上次的帮助”等。

二是介绍礼品。赠送礼品时，送礼者应对礼品寓意、礼品使用方法、礼品特色等做适当解释。邮寄赠送或托人赠送时，应附上一份礼笺，用规范、礼貌的语句解释送礼缘由。在当面赠送礼品时，则应亲自说明送礼原因和礼品寓意，并附带说一些尊重、礼貌的吉言敬语。

三是仪态大方。在当面送礼品时，送礼者应着装规范、起身站立、面带微笑、目视对方、双手递交。将礼品交与对方后，应与对方热情握手。

三、送花礼仪

鲜花是一种高雅的礼品，赠花是一门浪漫的艺术。以花为礼可以联络情感、增进友谊，极易表达微妙的感情和心愿，营造一种特殊的意境。

（一）花的用途

花卉的用途很多，既具有实用价值，又具有审美价值。养花可以净化空气、美化环境、陶冶性情；送花可以传递感情、增进友谊。此外，花还可以代表地域，作为一个国家或城市的象征。

（二）花的寓意

鲜花因品种、类型、颜色和数量的不同，被人们赋予了不同的寓意，用以表达不同的情感。送花前首先要了解花的寓意（即花语）。

花语具有吉祥性、象征性、传统性、诗意性等特性。花语的基本内容就是祝愿福、禄、寿、喜等，象征爱、富贵、昌盛、健康、长寿、纯洁、无邪、喜庆、思念等，具有浪漫色彩。

（三）送花的时机与场合

在送花时，应注意把握最佳时机，选择合适的场合。

一年之中有许多节日和令人难忘的纪念日，如春节、中秋节、情人节、母亲节、父亲节、生日、结婚纪念日等，都是赠花的好时机。

1. 恭贺新婚

送颜色鲜艳而富花语者佳，可增进浪漫气氛，表示甜蜜。一般选择玫瑰花、郁金香、火鹤花、热带兰，配以文竹、天门冬、满天星等；或选用月季、牡丹、紫罗兰、香石竹、小苍兰、马蹄莲、扶郎花等，配以满天星、南天竹、花叶常春藤等。组成花束或花篮，既寓意热情吉庆，又显得高雅传情，以祝福新婚夫妇情意绵绵、白头偕老、幸福美好。

2. 祝贺生产

宜送色泽淡雅、香味清新（不可浓香）的花，表示温暖、清新、伟大。

3. 乔迁庆典

宜送花篮、花束、盆花、盆栽、盆景等，表示隆重之意。如剑兰、大丽花、月季、唐菖蒲、红掌、君子兰、山茶花、四季橘等，以象征飞黄腾达、万事如意。

4. 庆祝生辰

送诞生花最贴切，玫瑰、雏菊、兰花亦可，表示永远祝福。可依老人的爱好选送不同类型的祝寿花，一般人可送长寿花、百合、万年青、龟背竹、报春花、吉祥草等；若举办寿辰庆典，可选送生机勃勃、寓意深情、瑰丽色艳的花篮，如玫瑰花篮，以示隆重、喜庆。

5. 慰问探视

适合送剑兰、玫瑰、兰花等，避免送白、蓝、黄色或香味过浓的花。要因病人脾气、禀性而异：性格活泼的，可选用唐菖蒲、玫瑰；性格恬静的，可选用具有幽香的兰花、茉莉、米兰等盆花。

6. 丧事祭奠

适合送白玫瑰、白莲花或素花等，象征惋惜、怀念之情。

7. 节日问候

情人节（2月14日）通常以赠送红玫瑰来表达情人之间的感情。玫瑰可多可少，一支也无妨。将一支半开的红玫瑰衬上一片漂亮的绿叶，然后装在一个透明的单支花的胶袋中，在花柄的下半部用彩带系上一个漂亮的蝴蝶结，就形成了一个精美、秀丽的小型花束，以此作为情人节的礼物，非常别致。

（四）送花的形式

日常社交生活中赠送鲜花，可根据对象、场合等不同情况，分别送花束、花篮、盆花、插花、头花、胸花、花环、花圈等。

送花的形式一般以本人亲送最能表达送花者的热情和真诚。当送花人遇到特殊情况或有难言之事时，也可选择他人转送。当前，网络、邮政、物流快递鲜花配送因其便捷、浪漫和时尚，有时甚至可以给受赠方带来惊喜，越来越受生活忙碌的都市年轻人青睐。

送花以送鲜艳欲滴的鲜花为佳，干花、纸花则不宜，更不可送将要枯萎的花。

（五）送花的禁忌

1. 忌不解花语

在选择鲜花作为礼物时，至少要注意品种、色彩和数目三个方面。

（1）鲜花品种禁忌。例如：在我国，牡丹表示富贵吉祥，百合寓意百年好合；在西方，玫瑰象征爱情，康乃馨表示伤感或拒绝，单独送人时必须慎之又慎。菊、莲和杜鹃在国内口碑甚佳，在涉外交往中却不宜用作礼品。菊花在西方系“葬礼之花”，用于送人便有诅咒之意；莲花在佛教中有特殊的地位；杜鹃则被视为“贫贱之花”，用于送人也难免引起误会。

（2）鲜花色彩禁忌。在我国，红色的鲜花是最受欢迎的喜庆之花，白色的鲜花则常用于丧礼。中国人颇为欣赏的黄色鲜花是不宜送给西方人的，因为他们认为黄色暗含断交之意。巴西人认定紫色是死亡的征兆，故对紫色鲜花比较忌讳。

小案例

一名女生在国外留学时曾在一家公司打工，女老板对她很好，在很短的时间内给她连续几次加薪。一日，老板生病住院，这名女生打算去医院看望老板，于是在花店买了一束红玫瑰。半路上，她觉得这束花的色彩有点单调，而且看上去很俗气，就又去买了十几支百合花，并且与原来的玫瑰花插在了一起，自己感觉很满意。走进病房，老板看到她很高兴，但是看到鲜花后转而大怒。

（3）鲜花数目禁忌。中国人讲究送花时数目越多越好，双数吉利。西方人则不然，他们认为只要意思到了，一枝鲜花亦可胜过一束。男士送鲜花给关系普通的女士时，数目宜单，否则便是指望与人家“成双成对”了。

2. 忌不顾场合

赠花的形式应与场合相适应。例如：祝贺庆典活动不宜送花束、花环等；探望病人不能送气味浓郁、色彩鲜艳的花，这些花给人强烈的嗅觉、视觉刺激，会影响病人的病情和医院的环境，应送较为淡雅的花；看望某位亲朋好友则不宜送花篮、盆花等。

3. 忌不懂习俗

在社交活动中，馈赠鲜花还要注意对方的民俗习惯和宗教禁忌，在涉外交往中更应如此。在西方国家，除非表示绝交之意，一般不会选用同色的鲜花送人；而在探病时，红白相间的花是不能送给病人的，因为这被视为不吉利；向外国友人送花时，还要注意花的数目，若是给欧美客人送花，最好是奇数，但不能送13支花，因为“13”这个数字被认为会带来厄运；给法国人送花的时候不能送菊花、杜鹃及黄色的花；切忌送百合给英国人，因为这意味着死亡。

四、受赠礼仪

（一）受赠原则

1. 心态开放

接受礼品时，受赠者应保持客观、积极、开放、乐观的心态，充分认识到对方赠礼行为的郑重和友善，不能心怀偏颇，轻易比较礼品的价值高低或做出对方有求于己的判断。

2. 仪态大方

受礼时，受赠者应落落大方、起身相迎、面带微笑、目视对方、耐心倾听、双手接受。受礼后与对方热情握手。不可畏畏缩缩、故作推辞或表情冷漠、不屑一顾。

3. 受礼有方

按照国际惯例，受礼后一定要当面拆启包装，仔细欣赏、面带微笑并适当赞赏。切不可草率打开、丢置一旁、不理不睬。中国人比较含蓄，不习惯当面打开，所以与国人交往时也可遵守这一传统习惯。另外，不是有礼必受，对于有违规越矩送礼之嫌的，应果断或委婉拒绝。

4. 表示谢意

接受礼品时，应充分表达谢意。表达时应让对方觉得真诚、友好，若是贵重礼品，往往还需要用打电话、发电子邮件等方式再次表达谢意，必要时还可选择适当的时机还礼。

（二）受花礼仪

1. 仪态大方

受花时，应起身站立、上身微倾、注视对方、面带微笑、双手接花，忌侧身面对、面无表情、动作鲁莽、单手接花。

图 6-2　受花礼仪

2. 欣赏感谢

接过鲜花后，应仔细品味、观赏，口中称道赞美，并表达真诚的谢意。

图 6－3 表示谢意

3. 妥善养护

致谢后，应将鲜花小心放置、科学养护。若是花束，应将其插入花瓶中养护；若是篮花或盆花，应放在向阳通风之处，随时注意洒水以保持花叶的新鲜和气味的清新。忌将花随手丢在桌上或放在地上，置之不理。

五、拒收礼品的礼仪

（一）应拒收的礼品

（1）你并不熟悉的人送给你的极其昂贵的礼品；

（2）隐含着需要你发生违法乱纪行为的礼品；

（3）你觉得似乎自己接受后会受到对方控制的礼品。

（二）拒收注意事项

在拒收礼品时，应保持礼貌、从容、自然、友好，先向对方表达感激之情，再向对方详细说明拒收的原因，切不可生硬地拒绝，以免对方难堪。

六、涉外交往馈赠原则

在涉外交往中有“涉外交往八不送”：（1）不送现金和有价证券，以免有受贿之嫌；（2）不送贵重的珠宝首饰；（3）不送药品与营养品；（4）不送广告性的或宣传用品；（5）不送容易引起异性误会的用品；（6）不送为受礼人所忌讳的物品；（7）不送涉及国家或商业机密的物品；（8）不送不道德的物品。

此外，赠送礼品还应注重礼品的包装，尤其是在涉外交往中，礼品的包装也属于礼品的组成部分，同样在仔细考虑的范围之内；送礼的时机也要适当，这样才能达到最佳效果。

小案例

1997年，某阿拉伯国家的一个访问团来中国南方某城市参观访问。访问结束后，该市的市政府为这一代表团举办了欢送晚宴。在晚宴上，市长代表中方向客人赠送了一对特制的瓷瓶，上面印有一对可爱的熊猫图样，并用汉语和阿拉伯语书写了“友谊长存”的字样。中方本以为这件礼物会博得对方的喜爱，没想到对方代表团的团长却一脸的不高兴，甚至在晚宴中一言不发。

知识拓展：不同节日的送花礼仪

模块二 宴会礼仪

案例导入

李先生请客，王女士和几位朋友应邀到餐馆吃饭。席间，李先生的夫人非常热情，不停地给大家夹菜。不管别人爱吃不爱吃，每上来一道菜，李夫人都用自己的筷子挨个给每个人的碟子里都夹上一筷子。没一会儿，王女士面前的碟子就盛满了。王女士不爱吃辣的，可没等她说，碟子里就被放进了水煮鱼。不吃吧有些浪费，吃又吃不了，王女士一时不知如何是好。

思考：为什么李夫人热情夹菜，客人却尴尬至极？在宴请时应该注意哪些礼仪呢？

知识导航

宴会是一种比较重要的交往方式，是指以宴请为形式的一种重要的社交应酬。一般情况下，举办宴会和参加宴会都不仅是为了吃吃喝喝，而是以交际为目的。多交朋友、广结善缘，没有形式，关系很难有进展。宴会上吃是形式，交际是内容。因此，无论请客还是被请，无论举办或参加何种宴会，都应该讲究和遵守宴会礼仪。

一、宴请礼仪

（一）宴请安排

1. 规格种类

宴请规格因宴请目的和主要宾客的身份地位而定，过低显得失礼，过高也无必要；宴请种类因宴请的性质、目的和内容而定。

2. 作陪人员

一般讲究对等接待，即己方主陪与对方主宾身份地位相仿。接待高层领导，己方主要负责人应当出面。如需在席间洽谈公务，要安排说得清事、做得了主的人员出席。

3. 宴请时间

可以按照主办方的实际需要而定，如单位庆典、朋友聚会；也可以按照客人的活动安排而定，如接风送行；还可以按照事情的进展情况而定，如商务谈判。

确定宴会时间，一要考虑客人方便，避开其重大节日、假日或有重要活动的时间；二要照顾参加人员的习俗，避开对方的禁忌日。例如：邀请中国同胞不宜安排在除夕夜，邀请西方朋友则应避开每月的 13 日。如果条件允许，在时间确定之前，可以先征求主宾意见。

4. 宴请地点

确定宴请地点应遵循以下原则：

（1）与宴请目的、性质和主宾的身份地位相适应。

（2）能够充分表达对客人的敬意。

（3）交通便利、环境优雅、菜肴精美、价格合理、服务到位。

图 6－4　宴会厅

5. 宴会操办

作为主人，操办宴会的时候一般应兼顾五大问题。这五大问题用英文来说，第一个字母都是 M，所以叫作“5M”。

第一个 M，Money，意即费用。官方宴请也好，民间宴请也好，甚至家宴，操办者首先想的往往就是钱。

一般来讲，中国人的宴请往往是由主人掏钱的。中国人的传统做法就是主人付费。当然，主人付费的时候客人也要注意，就是主人花了多少费用不要去问。主人结账主要有以下两种办法：办法之一，主人先付押金，等客人走了之后，主人才回去结账；办法之二，服务生把结账单悄悄地递给主人，然后主人在上面签单。服务生对主人的消费金额大都不报。

在国际交往中，外国人请客吃饭时，其结账的具体方式有两种：一种是各付其费，即AA制，这在西方国家尤其普遍。在西方绝大多数国家，即便父亲与成年的子女出去吃饭，往往也是各掏各的钱。二是自愿付费，主要出现在一些大型的公益性宴会上。例如：举办一次慈善晚宴，为海啸灾民募捐。其实大家来参加活动是一种义举，不是为了吃饭。此时付费的话，付50元也行，付500元也行，如果有能力并且愿意的话，付50 000元也行。自愿付费一般出现在高档的社交宴会上，在日常生活中比较少见。

对于宴会的费用要注意两个方面。一方面，量力而行。例如：很多人结婚时喜欢办婚宴，但是一定要量力而行。如果明明没那个条件还偏要办豪华宴会，办了宴会之后经济吃紧、压力变大，那就得不偿失了。另一方面，节俭为本。在宴会上，不仅整体费用要量力而行，而且主人点菜也要量力而行，不仅要好吃，而且要价格公道。

第二个M，Meeting，意即会客。主人要请客，请谁来作陪颇有一番讲究。确定了主宾之后，确定其他人也是有讲究的。例如：请一位教授吃饭，该教授在××大学工作，如果可能的话尽可能请该教授在××大学的同事、学生、校友作陪，这样一来，大家吃饭时就有可聊的话题了。另外，要是宴请外国客人、少数民族客人，把与其有相同宗教信仰的、共同语言习惯的人请到一块儿可能就比较好。例如：请一位讲闽南语的台胞吃饭，作陪的人中如果有懂闽南语的人，就容易产生融洽的氛围。

在宴会上会客的时候，别忘记请客重在交际。正式宴会，尤其是国宴，座次排列非常讲究。例如：一般把地位和身份相近的人排在一起，把宾主交叉排列，还有就是夫妻两人应该排在一起。

在国宴和比较正式的大型宴会上，桌子上都要放桌签和姓名签，让大家对号入座，以防有个别客人弄错，坐到了不该坐的位置上。桌签应该在客人都坐好后再收掉。

第三个M，Medium，意即环境。有经验的人都知道，请客吃饭重在环境，越是高档的宴会越是如此。在举办宴会时，有很大一笔钱实际不是花在菜上，而是花在环境上。尤其是正式的商务宴请，所选择的地点往往是公司实力的体现。

第四个M，Music，意即音乐。吃饭时讲究气氛，良好的气氛能使大家和谐、冷静、专注、融洽地交流。高档宴会厅一般会有演奏，力所能及的范围之内，最好安排专人现场演奏。现场演奏比播放音乐效果要好。安排音乐的话，还要考虑具体的曲目，气氛应该与现场吻合，轻松、自然、舒缓。勿安排打击乐，也应避开忧伤的音乐。如果你要请的客人比较重要，那么应优先安排对方所喜欢的音乐，勿安排别人不爱听的音乐。例如：宴请一位外国商人，本来双方挺友好，但若是给对方安排“雄赳赳，气昂昂，跨过鸭绿江”这样的曲目，对方必定不悦。

第五个M，Menu，意即菜单。通常而言，安排菜单应考虑两个方面。

第一，客人的忌口。请客人吃饭时，首先不要问他爱吃什么，而是问他不吃什么。

便宴的话要在现场问："各位，你们有什么忌口？"如果举办国宴或者大型宴会，则主要考虑主宾，要提前向对方或其随员征询。饮食禁忌有以下几种：其一，职业禁忌，如公安部有禁；其二，个人禁忌；其三，民族禁忌；其四，宗教禁忌；其五，健康禁忌。

第二，请别人吃什么。主要有两种选择：一是本国特色。请外国客人的话，就是要考虑中国特色。二是地方特色。请本国的外地客人吃饭时，宜安排本地特色。还有一点要注意，要把别人请到外面菜馆去吃饭，就得优先考虑这个菜馆的主打菜品的特色。例如：到全聚德就是吃烤鸭的，到东来顺就是吃涮羊肉的，如果非得让别人到全聚德吃涮羊肉，到东来顺吃烤鸭，那不是南辕北辙吗？

（二）盛情邀请

1. 发送请柬

组织比较正式的宴会，应该制发请柬。

（1）大型宴会的请柬，可以以单位名义发送，也可以以个人名义发送；小型宴会一般以个人或夫妇二人的名义发送；工作餐以单位名义发送。如果以夫妇二人的名义发送请柬，主宾、陪客的配偶均可列为受邀对象。如果受邀夫妇都有重要身份，则应分别发送请柬。

（2）请柬应尽早（一般提前一至两周）发出，以便宾客调整时间。为了减少失误，可以在宴会前夕再电话确认。

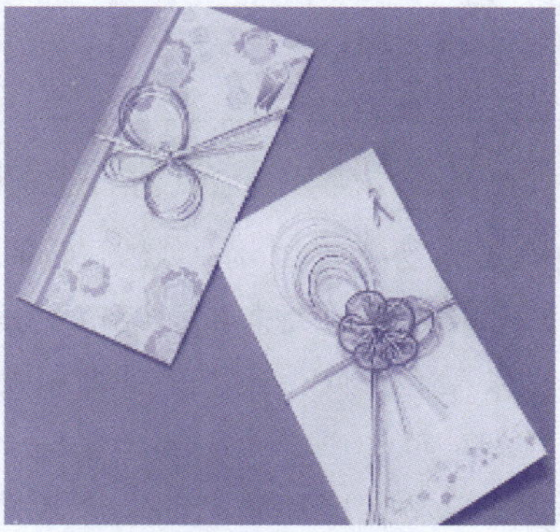

图 6－5　请柬

2. 其他方式

组织比较轻松随意的便餐式宴请，可以采用打电话或请人代转的方式进行邀请。无论采用哪种方式，都要做到两点：一是把话说到，说明理由，表达敬意和诚意；二是把事落实，明确告知时间、地点、参加人员，询问对方能否出席、有无其他需要。

（三）定制菜单

1. 主随客便

菜单以客人的喜好为准，充分考虑客人尤其是主宾的饮食习惯、口味好恶、宗教禁忌、健康状况等。规模较大的宴会，酒水最好准备三种以上。

图6-6 菜单点餐

2. 量力而行

一般情况下，安排菜单不要超出自己的实际能力，因为这样会使客人感到不安。

3. 适当控制

文明社会中，铺张浪费越来越被人们不齿，因为大吃大喝而被客人误解，最终不欢而散的事情也屡见不鲜。因此，定制菜单应该多在品种、口味上动脑筋，不要追求以贵为好、以量取胜。

（四）安排桌次、席次

小案例

小赵大学毕业后到某大酒店公关部工作。经过几年的勤恳工作，他被聘为科长。一次，酒店要接待一位前来投资的大老板，经理把接待任务交给小赵。小赵认真准备，可是一不小心，把客人主宾位弄错了，等发现时已经迟了。结果这次投资项目告吹，小赵也被调离了公关部。

举办正式宴会，应当提前排定桌次和席次，或者只排定主桌席位，其他只排桌次。桌、席排次时，先定主桌主位，后排座位高低。

视频：中餐座次礼仪

1. 中式宴会的桌次安排

中式宴会通常是8～12人一桌，人数较多时也可以平均分成几桌。在宴会不止一桌时，要安排桌次，其具体原则如下：

（1）以右为上。当餐桌分为左右时，以面门为据，居右之桌为上。

（2）以远为上。当餐桌距离餐厅正门有远近之分时，以距门远者为上。

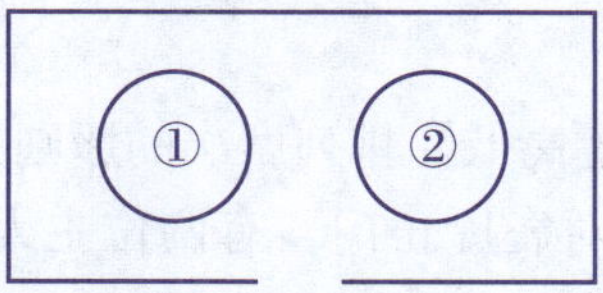

图 6－7　中式宴会桌次安排（以右为上）

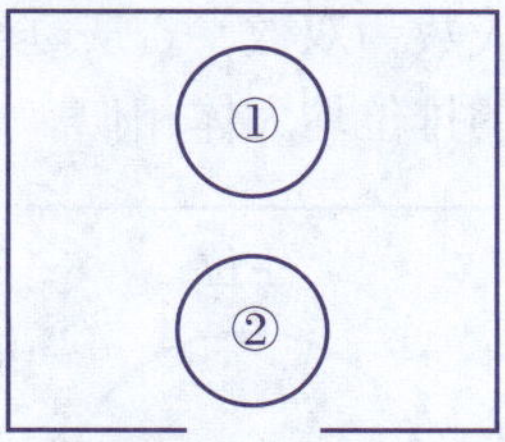

图 6－8　中式宴会桌次安排（以远为上）

（3）居中为上。多张餐桌并列时，以居于中央者为上。

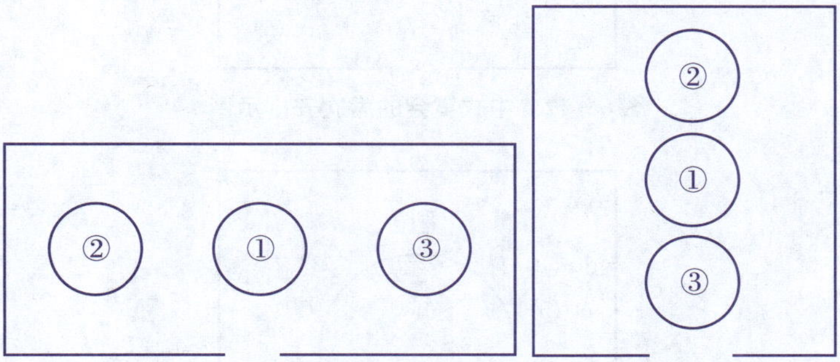

图 6－9　中式宴会桌次安排（居中为上）

（4）在桌次较多的情况下，上述排列常规往往交叉使用。

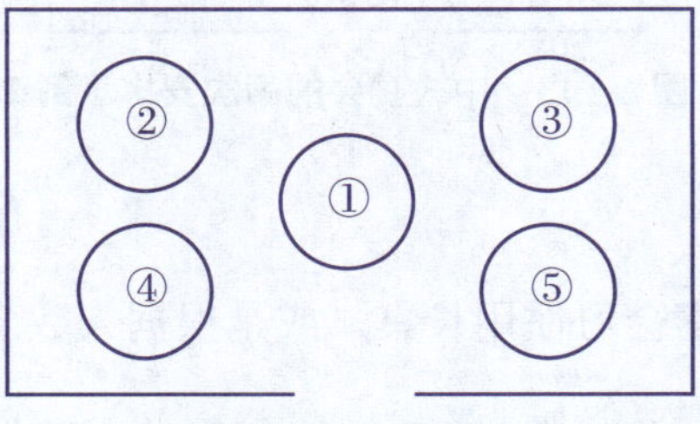

图 6－10　中式宴会桌次安排（5 桌）

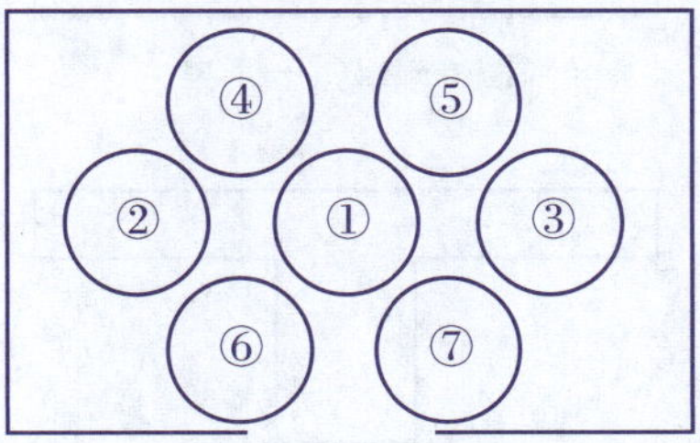

图 6－11　中式宴会桌次安排（7 桌）

2. 中式宴会的席次安排

席次是指同一餐桌上的席位高低。排列席次的原则是：

（1）面门为上。即主人面对餐厅正门。有两位主人时，双方可相对而坐，即一人面门，一人背门。

（2）主宾居右。即主宾在主位（第一主位）右侧。

（3）好事成双。即每张餐桌人数为双数，吉庆宴会尤应如此。

（4）各桌同向。即每张餐桌的排位均大体相似。

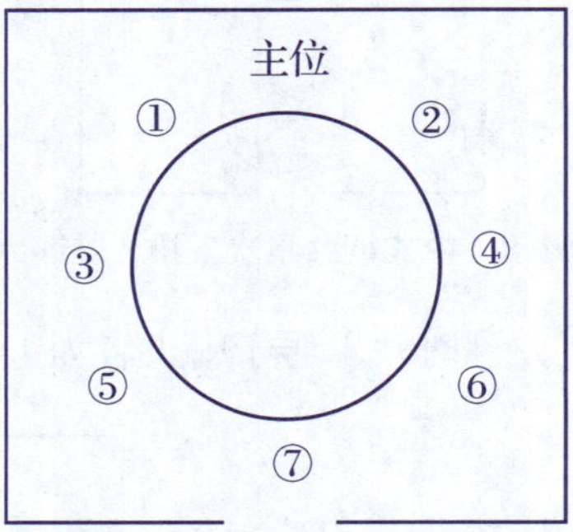

图 6－12　中式宴会的席次安排示例 1

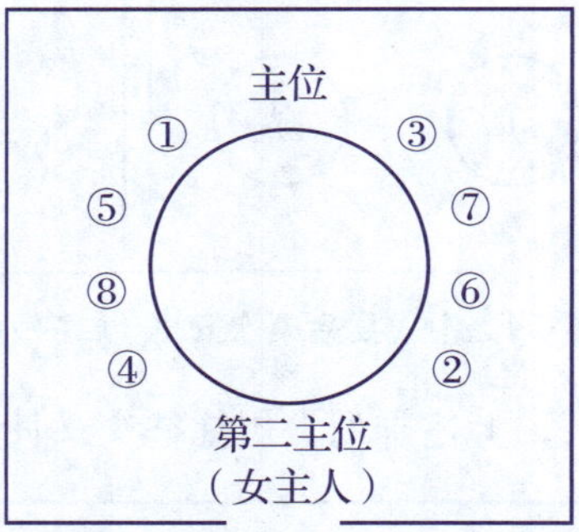

图 6－13　中式宴会的席次安排示例 2

3. 西式宴会的桌席排位

（1）桌型选择。西式宴会习惯用长桌，或是根据人数多少、场地大小自行设置不同的桌型。

图 6－14　一字桌

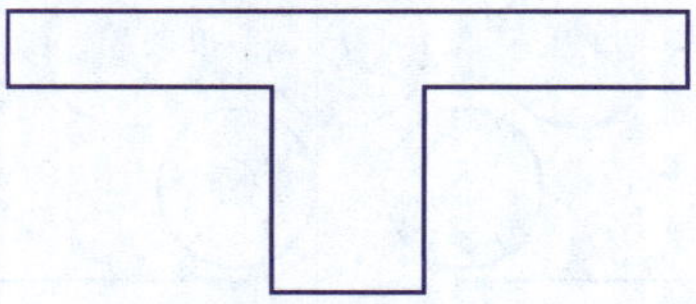

图 6－15　T 字桌

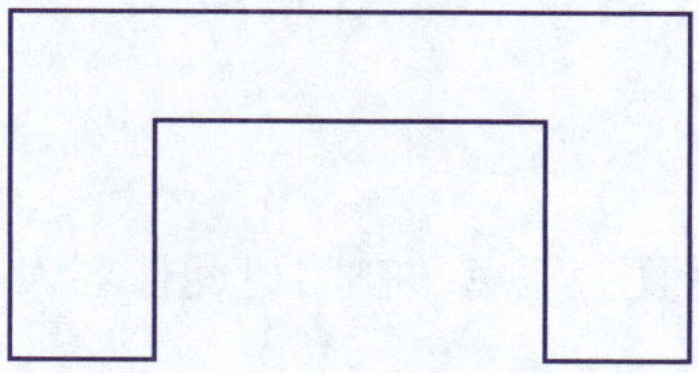

图 6－16　N 字桌

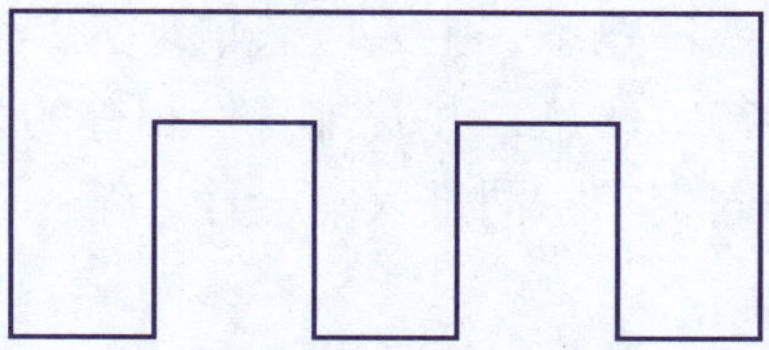

图 6－17　M 字桌

（2）席次排定。西式宴会的席次排定也讲究右高左低，同一桌上席位高低以距离主人座位远近而定，离主人越近者地位越高，反之则地位越低。如果男、女主人并肩坐于一桌，则男左女右，尊女主人坐于右席；如果男、女主人各居一桌，则尊女主人坐于右桌；如果男主人或女主人居于中央之席，面门而坐，则其右方之桌为尊，右手旁的客人为尊；如果男、女主人一桌对坐，则女主人之右为首席，男主人之右为次席，女主人之左为第三席，男主人之左为第四席，其余位次依序而分。

西式宴会的席次一般根据宾客地位安排，女宾席次依据丈夫地位而定；也可以按类别分坐，如男女分坐、夫妇分坐、华洋分坐等。在我国，用西餐宴请客人，通常采用按职务高低男女分坐的方式。

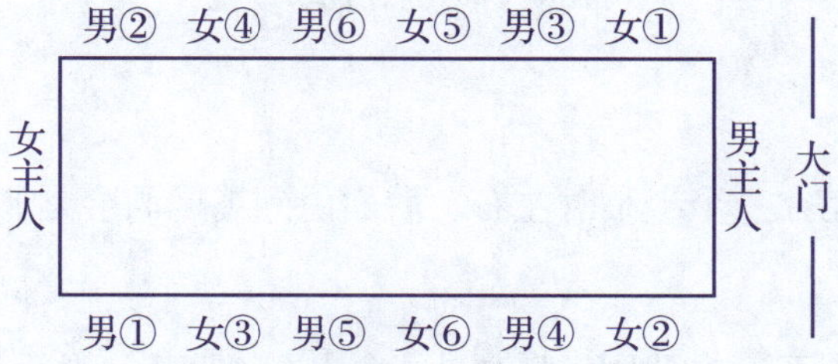

图 6－18　西式宴会席次安排 1

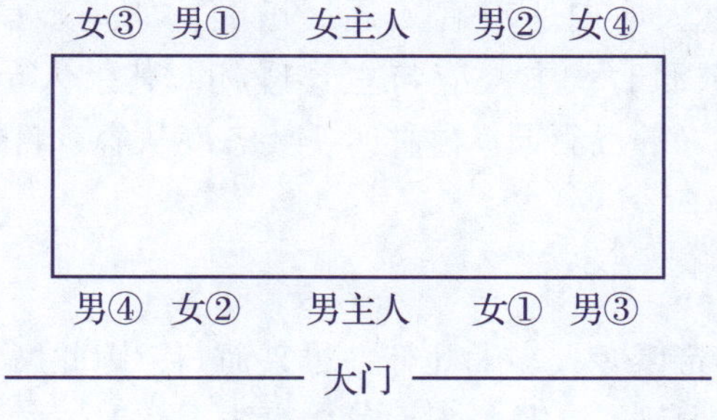

图 6－19　西式宴会席次安排 2

（五）热情迎送

1. 提前到达

宴请前，主人应提前到达宴会地点，在门口迎接客人。

2. 笑脸相迎

客人到来后，主人应与之握手、寒暄，表示欢迎，不可有远有近而冷落任何一位客人。如果客人之间不认识或不熟悉，主人应热情地为其介绍。有一定社会地位的贵宾到来后，应先将其迎进接待室休息，并安排身份相等的人员照顾，等其他客人到齐并进入宴会厅后，主人再陪同贵宾一同进入宴会厅。第一道主菜上桌后，主人应主动热情地请客人品尝。

图 6－20　热情相迎

3. 适时结束

正式宴会一般控制在一个半小时左右。后面讲到鸡尾酒会是非正式宴会。

（六）敬酒与劝酒

俗话说“无酒不成席”，在我国，喝酒是宴会上联络感情、融洽关系的重要社交方式。

1. 敬酒

如是一桌宴请，主人应向所有客人逐一敬酒；如是多桌宴请，主人应逐桌敬酒，不可厚此薄彼。敬酒时，主人应与主宾碰杯，其余人员可举杯示意，如有必要，也可致以简短、友好的祝酒词。碰杯时，要态度从容、目视对方，注意不要交叉碰杯。

2. 劝酒

设宴请客，主人都希望客人多喝几杯，尽兴而归，因此席间自然少不了劝酒。要劝好酒，需要掌握以下原则：一是量力而行，事先了解对方的酒力，掌握分寸；二是讲究艺术，选择对方关心的话题，采用能产生共鸣的表达方式，往往更能说动对方；三是适可而止，不可让客人为难。

涉外宴请应事先了解对方的饮酒习俗和讲究，以免弄巧成拙。例如：穆斯林不饮酒，宴请他们时切忌敬酒，甚至不宜上酒。

二、受宴礼仪

（一）受宴原则

1. 尽早回复

接到邀请以后，无论能否参加，都应尽快给予回复。如果收到了请柬，还应以书面形式回复。在西方国家，正式晚会请柬的日期下都有R·S·V·P四个法文缩写字母，意思是敬请赐复。这样的请柬应当在收到后的一天内回复。

2. 适度修饰

出席宴会应当精神饱满、容光焕发，这需要提前适度修饰仪表。男士要修整须发，女士应化妆。当然，无论男女，都要换上既符合自己在宴会上的身份又能突出自身气质的衣服。此外，还要注意皮鞋和袜子是否协调、干净，因为宴会之上这些部位常常被他人关注。

3. 遵守时间

出席宴会，迟到、早退或逗留时间过短，都被认为是失礼之举或者有意冷落。因此，要尽量避免迟到或赶场。当然，也不必到达过早，以免给人留下贪吃之嫌。一般而言，按照规定时间提前一两分钟到达即可。

（二）餐具使用礼仪

1. 餐具介绍

（1）中餐餐具主要包括筷、匙、碗、盘等，不同餐具的使用有着不同的要求。使用筷子讲究最多，忌讳多达八项：一是不要握得太高或太低；二是每次不要夹菜太多；三是不要在盘中翻动；四是不要随意敲打；五是不能交叉摆放；六是不能乱扔乱掷；七是不要挥舞；八是不能插在碗中。

视频：西餐礼仪

（2）西餐的主要餐具是刀、叉和餐匙。刀叉的摆放：西餐正餐中，吃每道菜都有专用的刀叉。吃黄油的餐刀横放在左手正前方；吃主菜的刀叉，餐刀在右，餐叉在左，纵向放于餐盘两侧；吃甜食所用的刀叉横向置于餐盘正前方。暂时放下刀叉时，应刀口向内、叉齿向下，呈“八”字形摆在外盘之上；用餐完毕，则应刀口向内、叉齿向上，刀右叉左并排纵放，或者刀上叉下并排横放在餐盘中。

图 6－21　刀、叉和餐匙

注：从左向右依次为冷盘叉、主菜叉、鱼叉、水果叉、切肉刀、冷盘或热菜刀、鱼刀、奶油刀、汤匙、甜品匙、茶匙。

视频：西餐餐具使用礼仪

2. 餐具的使用

（1）刀叉的使用。一般情况下，刀叉宜配合使用。切割食物时，以右手持刀、左手持叉，可以边割边用叉食之，也可先全部割好，然后以叉食之；切割食物时不可弄出声响；切割食物大小以叉起一次入口为宜；临时放下餐刀，刀口不可向外；持叉进食时，叉齿向上；双手同时使用刀叉，则应叉齿向下。

（2）餐匙的使用。餐匙也叫调羹，分为汤匙、甜品匙和茶匙三种。

①餐匙的摆放。汤匙个头较大，纵放于右侧最外端；甜品匙个头较小，横放于吃甜品用的刀叉正上方，若不上甜品，此位置上放置茶匙。

②餐匙的使用。汤匙、甜品匙和茶匙各有用途，不可相互替代。使用汤匙取食应该迅速，量也要适中，不可乱搅一气，也不要将汤匙吞入口中；使用过的餐匙不要再放回原处，也不要直立于汤盘或茶杯中或插入主食菜肴中；茶匙仅供搅拌使用，不能以之舀茶。

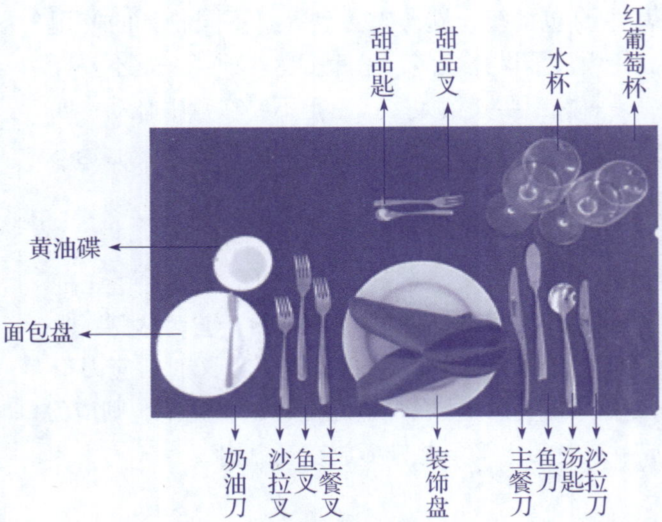

图 6－22　西餐餐具摆放示意图

（三）注意事项

1. 问候

到达宴会场所后，应向在门口迎候的主人致以问候，表示谢意。按照西方人的习惯，应先问候女主人，再问候男主人，然后向其他客人问好。

2. 入座

一般大型宴会的座次事先都有安排，因而前去做客不要急于落座，应等主人或服务员引座。如果一时无人引座，可先选择次要的座位坐下，待主人发现后再行调整。落座时，应从座位的左侧入座。如果身边有女宾或长者入座，男宾应主动为其移开椅子，待其入座后，自己再坐下。入座后，坐姿要端正，不要东张西望，也不要摆弄菜谱、餐具。

3. 使用餐巾

餐巾应铺放于自己并拢的大腿上。正方形餐巾应折成等腰三角形，直角朝向膝盖方向。长方形餐巾则要对折，折口向外铺于腿上。餐巾可以用来擦嘴，但不能擦脸、擦汗，更不能用来擦餐具、酒具。用餐结束后，餐巾不能揉作一团，也不要乱丢乱扔。

4. 吃相

（1）心态要愉快平和。无论主人照顾的是否周到、菜肴是否可口，都应表现出高兴的神态，既不能心事重重、漫不经心，也不能喧宾夺主、反客为主。

（2）表现要自然大方。对于自己喜欢的食物，不可咀嚼作响、狼吞虎咽，更不能站起来伸长手臂“隔山取火”。当女主人或服务员递上自己不喜欢吃的食物时，也不要推来挡去，可取少量放入盘内，口称“谢谢”“够了”婉拒。

（3）吃食物时应当以食就口，不能以口就食。

（4）食物一经入口，一般不能再吐出来。需要处理骨刺时，也要用餐巾掩嘴将刺取出放在餐盘里，不要直接张嘴吐到桌上。

（5）口中有食物时，不要张口讲话；不要主动向正在咀嚼食物者问话；自己口中有食物恰逢别人问话，要等食物下咽后再回话；少与相隔的人讲话。

（6）席间谈话，切忌得意忘形、动作夸张，尤其不可挥动刀叉甚至以刀叉指人。

（四）敬酒与饮酒礼仪

1. 回敬

客人接受主人敬酒以后应回敬主人。回敬的顺序以地位尊卑为据，尊前卑后。如是大型宴会，各桌客人可以选派代表回敬。

2. 互敬

这是客人之间借花献佛、加强联系的交际方式，实际上也是劝酒的一种形式，因而也要遵循劝酒的原则。

图 6－23　敬酒

在宴会上不会喝酒或是不打算喝酒，可以礼貌地阻止他人敬酒，但不要东躲西藏，更不要把酒杯倒置或是把他人所敬之酒悄悄洒在地上。

三、酒会、茶会、冷餐会、工作餐礼仪

宴请当中，正式宴会并不是唯一的选择。酒会、茶会、冷餐会、工作餐等招待或进餐方式，因其形式灵活、操作简便、气氛宽松，越来越为现代社会所接受。

（一）酒会

酒会是国际上流行的一种便宴形式。会上不设正餐，只是略备酒水、点心、菜肴等，且多以冷味为主。

视频：酒水认知

1. 酒会的类型

按照举行时间的不同，酒会分为两种类型：正餐之前的酒会和正餐之后的酒会。

正餐之前的酒会也称鸡尾酒会，一般在下午 6 点或 6 点半开始，持续两个小时左右。鸡尾酒会分为设座和不设座两种形式，在不设座的鸡尾酒会中，有时为了照顾年长者，也备一些椅子。这类酒会有明确的时间限制，一般会在请帖中写明。招待品以酒水为主，酒水分含酒精的酒水和不含酒精的饮料两类：含酒精的酒水至少要准备三种以上，如雪利酒、香槟酒、红葡萄酒、白葡萄酒、混合葡萄酒、开胃酒和各种烈性酒；不含酒精的饮料至少要准备一种，如果汁、矿泉水、牛奶等。食品从简，只备一些点心和开胃菜，如面包、三明治、热香肠、炸薯片等。

正餐之后的酒会通常在晚 9 点左右开始，一般不限定时间长短，客人可以根据自身情况随时告辞。这类酒会规模较大，常常播放音乐，并准备场地供来宾跳舞，这一点也要在请帖中说明。酒水供应大致与鸡尾酒会相同，但有时不备雪利酒。因在晚餐之后，可不备食品，但如果是大型或正式酒会，应该准备夜餐。

2. 酒会的功能

（1）联络旧友。宾主之间交流信息、联络感情，进一步深化友谊。

（2）结交新知。提前给需要结识的人发请柬，对方往往会惊讶并愉快应约，从此成为你的朋友。

（3）认识异性。酒会上，男男女女把酒而谈、翩翩起舞，有机会互相结识和了解。

（4）答谢款待。在其他酒会或宴会上受到了东道主或某些宾客的周到照顾，可以邀请他们参加自己举办的酒会以示答谢。

3. 酒会的特点

（1）不必准时。虽然请帖上约定了时间，但不一定必须遵守，何时到场可由自己掌握。

（2）不限衣着。穿着不必过于正式，端庄大方、整洁干净即可。

（3）不排席次。主客均需站立，可以自由组合、随意交谈。

（4）菜肴自选。喝什么、吃什么以及喝多少、吃多少全凭自愿。

4. 注意事项

（1）主动攀谈。无论新朋旧友，都应主动招呼，不可故作深沉。

（2）善待他人。即使话不投机、无意结交，也要给人以应有的尊重，礼貌地与人道别。

（3）饮酒有度。姿态要文雅，不要开怀畅饮、大呼小叫；酒量要控制，以免醉酒失态。

（4）适时告辞。要体贴主人，适时离开。如果有事提前离开，告辞时不要引人注意，但最好向女主人当面致谢。

（5）不忘致谢。于酒会次日再次打电话给女主人表达谢意，是表现修养的必要礼节。

（二）茶会

1. 举办茶会的时间、地点

举办茶会的时间一般安排在上午 10 点或下午 4 点左右，地点通常安排在客厅、会议室、接待室。

2. 基本礼节

（1）沏茶。不应过浓或过淡；不要斟得过满，有七分满（约茶杯的 2/3）即可。

（2）敬茶。起身站立，双手捧杯递给客人，并可轻声说“请用茶”。如果来者为贵宾或重要客人，主人（公务接待时为本单位在场的职务最高者）应亲自敬第一杯茶。

（3）接茶。双手去接，并道“谢谢”，然后将茶杯放到就近的茶几或桌子上。

（4）饮茶。小口啜饮、认真品味，不要大口吞咽、一饮而尽；喝过一口后，应对茶水加以赞赏，不可指责主人品位、口味；如果茶叶漂浮，可用杯盖抹去，不可用嘴吹、用手捞或是吞咽咀嚼；如果水温过高，应待其自然冷却，不要用口吹凉或是用另外的杯子折凉。

（5）续水。续水的时机应在客人喝过几口以后，不要等到茶叶见底；会议中的续水间隔应在30～40分钟；续水时不要妨碍客人，最好不要当面进行；不小心把水洒在茶几或桌子上，应及时以小毛巾擦干；续水同样不要过满。

3. 其他注意事项

（1）茶会的核心是茶叶的质量，高档次的茶会要用高质量的茶叶，并且茶叶品种要多，以满足不同人的口味。

（2）举办茶会，选用茶具也有讲究，一般为高档的成套瓷具或陶具，不可使用低档茶具。

（3）可以准备一些便于食用的点心和风味小吃。

（4）茶会的规模不宜过大。

（三）冷餐会

1. 冷餐会概述

冷餐会是国际上流行的一种非正式宴会，在国内又称自助餐会。

冷餐会举行的地点，可以是大型餐厅或者露天花园。一般情况下，冷餐会设有菜点桌、餐桌、餐椅，露天冷餐会还要设置遮阳伞。冷餐会所提供的食物以冷食为主，同时可以提供一些热菜或半成品由来宾自行加热。冷餐会开始之前，应将菜点和酒水上齐，将餐具摆好。

冷餐会不讲尊卑，不排席次，就餐者可以随时随地调换座位。

2. 参加冷餐会注意事项

（1）衣着、装饰不可过于随意；用餐时不可戴手套；参加室外冷餐会，不宜佩戴太阳镜。

（2）取食时应按照顺序，不能争抢，取完后马上离开菜点桌；取食过程中，不能把刀叉等叼在嘴中或插在衣袋里；取食时应多次取食、次次少取，宁可多添几次，也不要一次装得过多。

（四）工作餐

工作餐是就餐者利用共同进餐的时间边吃边谈、交流探讨的非正式宴请方式，可以说是商务活动的另一种形式的继续。

工作餐一般只请与工作有关的人员，不请配偶，总人数不宜超过10人。

工作餐一般安排在中午，时间为2小时左右。开始时间由有关各方商定，地点由主人选定。

工作进餐的座次不像正式宴会那样严格，但主人应当请主宾在自己的右侧或自己正对面或正对门的位置就座，也不能先于主宾落座；双方随员要等主人和主宾落座后，再由主人安排或者自由就座。

工作餐的菜点比正式宴会简单。点菜时可征求来宾特别是主宾的意见，其他安排可由主人包办。

结算付账时，要避免当着客人的面看账或付款。

知识拓展：西餐上菜的顺序

知识拓展：西餐礼仪禁忌

模块三 出行礼仪

案例导入

吴总一行二人到某一公司洽商，坐轿车去厂房参观，秘书瑞莎准备车辆，先是开副驾驶车门，遭到上司批评，后又开左后侧车门，但无论坐在前面还是后面，吴总都不太高兴，究竟瑞莎该请吴总坐哪里呢？

思考：在日常工作和生活中，汽车座次该怎样安排？上下车的顺序又是如何呢？

知识导航

一个人在日常工作、学习和社会生活中，离不开乘车走路。在出行的时候，不论是接待客户、商场购物，还是出门访友、漫步散心，同样包含着一系列的礼仪要求，同样需要注意讲求礼仪规范。

视频：乘车礼仪

一、乘车礼仪

汽车如今已成为现代社会最主要的交通工具，不在桌前（办公桌、餐桌）就在车上早已成了许多白领们的工作缩影。与领导、同事、客户一同乘车更是难免，因此乘车礼仪就显得十分重要了。

（一）乘车的座次

在比较正规的场合，有必要在驾驶汽车时区分主要和次要座位，而在非正式场合，则不必过分拘礼。座次礼仪规则可概括为“四个为尊，三个为上”。“四个为尊”是客人为尊、长者为尊、领导为尊、女士为尊，此四类人应为上座；“三个为上”是方便为上、安全为上、尊重为上，以这三个原则安排座次，其中“尊重为上”原则最重要。

轿车上座次的尊卑，在礼仪上来讲，主要取决于以下四个因素。

1. 轿车的驾驶者

驾驶轿车的司机一般有两种人：一种是轿车主人，另一种是专职司机。目前国内所见的轿车多为双排座与三排座，车上座次尊卑的差异如下：

（1）当主人亲自驾车时。

当主人或领导亲自驾车时，上座为副驾驶座。这种情况，一般前排座为上，后排座为下；以右为尊，以左为卑。这种坐法体现出“尊重为上”的原则，体现出客人对开车者的尊重，表示平起平坐，亲密友善。

乘坐主人驾驶的轿车时，最重要的是不能冷落主人，也就是不能令前排座位“虚位以待”，一定要有人坐在那里，以示相伴，否则就是对主人的失敬。由男士驾驶自己的轿车时，若夫人或女友在场，她一般应坐在副驾驶座上。

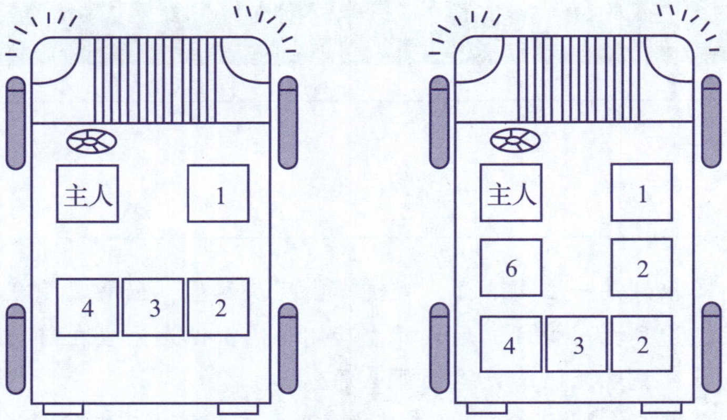

图 6-24　双排、三排座的小型轿车主人驾车座次尊卑顺序

（2）专职司机驾车时。

由于右侧上下车更方便，因此要以右尊左卑为原则，同时后排为上，前排为下。副驾驶座一般也叫随员座，通常坐于此处者多为随员、译员、警卫，等等。在接待非常重要的客人的场合，比如说政府要员、重要外宾、重要企业家，这时候上座是司机后座，因为该位置的隐秘性好，而且是车上安全系数较高的位置。

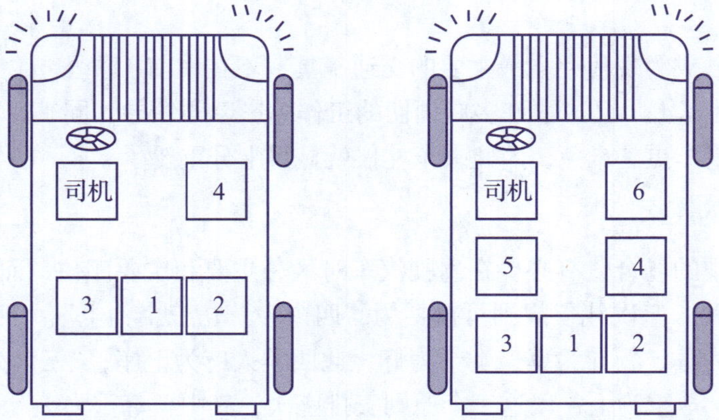

图 6-25　双排、三排座的小型轿车专职司机驾车座次尊卑顺序

2. 轿车的类型

上述方法，主要适用于双排座、三排座轿车，对于其他一些特殊类型的轿车并不适用。

吉普车，简称吉普，它是一种轻型越野轿车。它大都是四座车。吉普车底盘高，功率大，主要功能是越野，减震及悬挂太硬，坐在后排颠簸得厉害。不管由谁驾驶，吉普车上座次由尊而卑均依次是：副驾驶座，后排右座，后排左座。

多排座轿车，指的是四排以及四排以上座次的大中型轿车。其不论由何人驾驶，均以前排为上、后排为下；以右为尊，以左为卑；并以距离前门的远近，来排定其具体座次的尊卑。

以一辆五排十四座的中型轿车为例，依次应为：第二排右座→第二排中座→第二排左座→第三排右座→第三排中座→第三排左座→第四排右座……

图 6-26　五排十四座的中型轿车座次尊卑顺序

3. 轿车上座次的安全系数

从某种意义上讲，乘坐轿车理当优先考虑安全问题。在轿车上，后排座比前排座要安全得多。最不安全的座位，当数前排右座。最安全的座位，则当推后排左座（驾驶座之后），或是后排中座。

4. 轿车上嘉宾的本人意愿

通常，在正式场合乘坐轿车时，应请尊长、女士、来宾就座于上座，这是给予对方的一种礼遇。然而，更重要的是，不要忘了尊重嘉宾本人的意愿和选择。并应将这条放在最重要的位置，必须尊重嘉宾本人对轿车座次的选择。嘉宾坐在哪里，即应认定哪里是上座。即便嘉宾不明白座次，坐错了地方，轻易也不要对其指出或纠正。这时，务必要讲“主随客便”。

（二）上下车的礼仪

正式交际场合中，上下车的先后顺序不仅是一种讲究，更是一种文明礼貌的体现，所以必须认真遵守。上下车的基本礼仪原则是“方便宾客，突出宾客”。一般是让领导和客人先上，司机陪同人员后上。下车时，司机陪同人员先下，领导和客人后下。位卑者要先下车，为尊者打开车门；男女同车时，男士应主动为女士开车门，出席商务场合时，如果男士的职务高于女士，则不必讲究。但是，在具体的场合中，还需要我们根据实际情况应变。

1. 上车礼仪规范

（1）上车时，为领导和客人打开车门的同时，左手固定车门，右手护住车门的上沿（左侧下车相反），防止客人或领导碰到头部，确认领导和客人身体安全进车后轻轻关上车门。

（2）如果我们是外出办事，同去的人较多，对方热情相送，这时候我们应在主动向对方道谢之后，先上车等候。因为送别仪式的中心环节是在双方的主要领导之间进行的，如果所有人都非要等领导上车后再与主人道别上车，就会冲淡双方领导道别的气氛，而上车时也会显得混乱无序。

（3）环境允许的条件下，应当请女士、长辈、上司或嘉宾首先上车。

（4）若同与女士、长辈、上司或嘉宾在双排座轿车的后排上就座，应请后者首先从右侧后门上车，在后排右座上就座。随后，应从车后绕到左侧后门登车，落座于后排左座。

（5）由主人亲自开车时，出于对乘客的尊重与照顾，可以由主人最后一个上车，最先一个下车。主人应为同车的第一主宾打开轿车的右侧后门，用手挡住车门上沿，防止客人碰到头。客人坐好后再关门，然后从车尾绕到左侧为另外的客人开门或自己上车。

2. 下车礼仪规范

（1）下车时，司机陪同人员先下车，快速地为领导和宾客开车门，同时一手固定在车门上方，一手护住车门。如果很多人坐一辆车，那么谁最方便下车就谁先下车。

（2）如果陪领导出席重要的欢迎仪式，到达时对方已经做好迎接准备。这个时候一定要等领导下车后我们再下车，否则就会有“抢镜头”之嫌。这种情况领导如何下车呢？如果是三排以上商务车，由领导边上的人开门，再避到后排，为领导下车让出通道。如果是双排车，欢迎的人群中自然会有人为领导开车门。

（3）在人多并且合适的场合中，男士先下车，女士、长辈后下车，服务人员先下车，领导后下车。

（4）若无专人负责开启车门，陪同人员则应首先从左侧后门下车，从车后绕行至右侧后门，协助女士、长辈、上司或嘉宾下车，即为之开启车门。

穿短裙的女士，上下车要保持优雅的姿态。上车时，应首先背对车门，坐下之后，再慢慢地将并拢的双腿一齐收入，然后再转向正前方。下车时，应首先转向车门，先将并拢的双脚移出车门，双腿着地后，再缓缓地移出身去。

3. 乘车禁忌

（1）争抢座位：上下轿车时，要互相礼让，不要拉拉扯扯，尤其是不要争抢座位。

（2）动作不雅：在轿车上应注意举止，不要随意动车内设施；切勿东倒西歪；不要随便脱掉外套，要保持得体的仪表。

（3）不讲卫生：不要在车上吸烟，或是吃喝东西，要自觉保持车厢整洁，不要将垃圾留在车厢内。

二、电梯礼仪

电梯，是人们经常使用的交通工具之一，乘坐电梯也需要遵守礼仪。

（一）平时乘坐电梯礼仪

视频：乘梯礼仪

（1）等候电梯时，不要站在电梯门口的正前方，以免阻碍别人的出路。电梯门开了，等待电梯内所有的人出来后，才可以进入，即使有急事，也不应争先恐后。

（2）靠电梯最近的人先上电梯，然后为后面进来的人按住“开门”按钮。

（3）电梯内不能抽烟，不能乱丢垃圾。

（4）在电梯里，尽量站成“凹”字形，留出空间，以便让后进入者有地方可站。

（5）进入电梯后，应正面朝向电梯口，以免造成面对面的难堪，如果电梯内乘客多且特别拥挤时，仍应与他人保持少许距离。如果在无意中碰撞到别人，应立即向对方道歉。

（6）如果有陌生人或客户，应该让他先进电梯，看见有人赶电梯，要帮他开门，如果已经满员，要向他说明。

（7）进电梯后，最靠近控制板的人要长按开门键。

（8）在电梯内不要肆意交谈、喧哗。无论公务私事，均不宜在此谈论。

（二）共乘电梯礼仪

（1）先按电梯呼梯按钮；轿厢到达、厅门打开时，若客人不止一人，可先行进入电梯，一手按住开门按钮，另一手按住电梯侧门，礼貌地说“请进”，请客人们或长辈们进入电梯轿厢。

知识拓展：乘坐飞机礼仪

（2）与熟人同乘电梯，尤其是与尊长、女士、客人同乘电梯时，则应视电梯类别而定：进入有人管理的电梯，应主动后进后出；进入无人管理的电梯时，则应当先进去，后出来，进入电梯后，按下客人或长辈要去的楼层按钮。到达目的楼层后，一手按住开门按钮，另一手做出请出的动作，可说：“到了，您先请！”尊长或客人走出电梯后，自己立刻步出电梯，并热诚地引导行进的方向。

（3）若电梯行进间有其他人员进入，可主动询问要去几楼，帮忙按下。

（4）电梯内可视状况决定是否寒暄，例如：没有其他人员时可略做寒暄，有外人或其他同事在时，可斟酌是否有必要寒暄。电梯内尽量侧身面对客人。

乘坐自动扶梯应靠右侧站立，空出左侧通道，以便有急事的人通行；应主动照顾同行的老人与小孩踏上扶梯，以防跌倒；如须从左侧急行通过时，应向给自己让路的人致谢。不要逆着扶梯运行方向拼命朝下跑，这样不仅不安全，也给别人造成不便。

育人园地

“协和万邦、天人合一”的和合思想在中国源远流长。中华文化讲求“以和为贵”“和谐”“融通”，中国人际关系遵循方圆世事哲学。方圆结合即有和谐之意，方与圆相互关联，彼此相辅相成。古代铜钱做成内方外圆的形状，即是古人追求“和”思想的具体表现；今天习近平谈治国理政中明确指出的“实现中国梦，必须坚持和平发展，我们始终不渝走和平发展道路，始终不渝奉行互利共赢的开放战略”，也体现着中国“和合观”。党的十八大以来，习近平每次出访国外都释放出中国对世界的善意，体现着大国之礼的和平外交形象。

2009 年，习近平同默克尔一起出席法兰克福书展开幕式，他在致辞时提出：“正是不同文化的彼此交流，才让不同国度的人们知道了中国的孔子、德国的歌德、英国的莎士比亚。推动世界文化进一步交流，是推动人类进步与世界和平发展的重要动力。”他在 2010 年访问俄罗斯时，同普京一起步入克里姆林宫大礼堂，共同为俄罗斯“汉语年”拉开帷幕。他在致辞时说：“文化因交流而丰富、心灵因交流而沟通、友谊因交流而加深。”

习近平善于运用中国文化智慧，用真诚坦率、生动风趣的语言来讲清道理、化解疑虑。访美期间，在谈到“没有先例可循”的中美关系时，他以“敢问路在何方，路在脚下”来展示中国领导人的信心和魄力。面对针对中国人权状况的质疑，他直率地说，世界各国在人权方面，“没有最好，只有更好”。他还形象地说，各国情况不同，道路不同，“鞋子合不合脚，只有穿鞋的人自己才知道”。

国之交，在于民相亲。习近平常说，国与国友好的基础是否扎实，关键在于人民友谊是否深厚。他曾对随行的外交部官员风趣地说，生命在于运动，外交在于活动，中国外交官要多走出去，广交朋友，深交朋友。

访问老挝时，习近平专门安排时间会见了老挝前领导人贵宁·奔舍那的后人。贵宁有好几个孩子都曾经在北京居住和学习过。习近平跟他们一起，愉快地回忆起少年时在北京八一学校共同学习的情景，还能说出其中的萨马诺当年的绰号叫“小胖子”。大家开怀大笑，萨马诺也很感动：“没想到您还记得。”

访问美国时，他专程前往艾奥瓦州的马斯卡廷，到 27 年前结交的美国老朋友家里，与当年的十几位当地老朋友团聚茶叙，坐在跳动的炉火旁促膝长谈，共忆 1985 年他率考察团到此访问的情景，并就各自经历、加强地方合作、增进人民友谊等话题聊了很久。

访问俄罗斯时，他特地前往曾经接待中国汶川地震灾区的中小学生去疗养的“海洋”全俄儿童中心，向那里的工作人员表达诚挚的谢意。

访问爱尔兰时，喜爱足球的习近平在球场上展示了令人钦佩的“一脚远射”，连同他访问美国时观看美职业篮球比赛，都被媒体形容为“极好地传达了亲和的形象”。

…………

“他成功展示给世界的，不仅是其个人的风范与气度，更是中国的形象与魅力。”国外一家媒体如此评价习近平的外交风采。

礼仪训练营

项目任务目标

1. 掌握馈赠的礼节；
2. 掌握用餐礼仪、中西餐餐具的使用礼仪及座次和桌次的排列方法；
3. 掌握乘车礼仪及电梯礼仪的礼仪规范；
4. 有效运用所学知识，将馈赠礼仪、宴会礼仪、出行礼仪运用到工作和日常生活中。

一、任务场景训练

【场景设计一：根据不同情境设置不同礼品】

序号	模拟情境	设置礼品	评价
1	去医院看望病人		
2	参加朋友公司开业庆典		
3	参加长辈生日宴		
4	给男友 / 女友准备情人节礼物		
5	送给外国友人礼物		
6	庆祝朋友乔迁之喜		

【场景设计二：乘坐电梯礼仪】

序号	实训内容	实训要求	评价方式
1	模拟与客户共乘电梯	由学生分组分角色扮演	根据学生情境模拟时的表现进行小组互评，教师总结
2	模拟与上司共乘电梯	由学生分组分角色扮演	根据学生情境模拟时的表现进行小组互评，教师总结

实施指导

1. 通过模拟演练，掌握不同情境馈赠合适礼品的方法。
2. 通过训练，将馈赠姿态与禁忌强化记忆并熟练掌握。
3. 通过模拟演练，掌握不同情境乘坐电梯的礼仪规范。
4. 通过学生自评、互评，检验学生对知识的掌握程度。

二、综合测评

案例分析

陈小姐和王先生在一家西餐厅就餐。王先生点了海陆大餐，陈小姐点了烤羊排。

主菜上桌，两人的话匣子也打开了。王先生一边听陈小姐聊童年往事，一边吃着海鲜，心情愉快极了。正陶醉时，他发现有根鱼骨头塞在牙缝中，很不舒服。王先生心想，用手去掏太不雅了，所以就用舌头舔，但舔也舔不出来，还发出啧啧喳喳的声音，好不容易将它舔吐出来，就随手放在餐巾上。之后，王先生在吃虾时又在餐巾上吐了几口虾壳。陈小姐对这些不太在意。正在这时，王先生想打喷嚏，拉起餐巾遮嘴，用力打了一声喷嚏，餐巾上的鱼刺、虾壳随之飞了出去，其中的一些正好飞落在陈小姐的烤羊排上，这下陈小姐有些不高兴了。接下来，陈小姐话少了许多，饭也没怎么吃。

请分析：王先生有哪些失礼之处？

知识检测

一、判断题

1. 宴会上，若食物太热，可以用嘴吹凉。（ ）

2. 宴会上，最好不要在嘴里含着食物时说话。（ ）

3. 在正式宴会上，只要一落座就应打开餐巾。（ ）

4. 在进餐前，可以用餐巾擦碗、筷、杯等，以保证干净。（ ）

5. 吃西餐，刀叉并用时右手持刀、左手持叉。（ ）

6. 参加宴请时，嘴里有鱼刺、肉骨头等可以直接外吐。（ ）

7. 在电梯里时，应该先到先行，客人先上，主人先下，一边扶着门，一边为客人指路。（ ）

8. 员工在电梯里见面或与客人同乘时，应首先点头示意或问候“您好”，下电梯时，请客人先行，示意或说“请”。（ ）

9. 在公务接待的情况下，专职司机开车时，副驾驶座是上座。（ ）

二、简答题

1. 如何准备宴会？

2. 赴宴应注意哪些礼仪？

3. 如何进行宴会的桌次、席次安排？

4. 吃西餐的礼仪有哪些？

5. 接待客户时，乘坐电梯时应注意哪些礼仪？

6. 乘车时座次应如何安排？

技能考核

1. 在有长辈的聚餐中，应该如何安排菜单？

2. 设置场景，分组考查正确使用西式餐具的规范性。

3. 简述用餐时使用筷子的禁忌。

三、21 天礼仪习惯养成训练

社交礼仪 21 天习惯养成打卡

（一）承诺书

执行人承诺书

礼由心生，外化于形。我承诺将在今后的 21 天里坚持习惯养成打卡，心向美好，律己敬人，努力成为更好的自己。

承诺人：

镜子伙伴承诺书

我承诺在今后的 21 天与________里成为镜子伙伴，彼此监督，彼此促进，心向美好，律己敬人，努力成为更好的自己。

镜子伙伴：

（二）21 天打卡

打卡任务内容：练习中西餐桌次和座次安排、西餐餐具的正确使用方式。

打卡任务方式：可以将正式宴请时注意的事项融入生活中，且家中可配备整套中西餐餐具并重复练习，加强记忆并形成习惯。

打卡开始时间：

打卡结束时间：

时间	日常	补卡	时间	日常	补卡	时间	日常	补卡
第 1 天			第 8 天			第 15 天		
第 2 天			第 9 天			第 16 天		
第 3 天			第 10 天			第 17 天		
第 4 天			第 11 天			第 18 天		
第 5 天			第 12 天			第 19 天		
第 6 天			第 13 天			第 20 天		
第 7 天			第 14 天			第 21 天		

（“日常”用太阳图示标记；“补卡”用笑脸图示标记。）

（三）感受与反思

（四）行动后的评价（满分 10 分）

自我评价：（　　）分。

表现很棒的方面____

有待提升的方面____

镜子伙伴评价：（　　）分。

表现很棒的方面____

有待提升的方面____

智能模型交互实践与知识拓展

智能模型

1. 豆包，链接：https://doubao.com

2. ERNIE，链接：https://github.com/PaddlePaddle/ERNIE/ 知识图谱，可提供社交礼仪相关的知识图谱，帮助梳理知识

应用场景

模块一　馈赠礼仪

模型提供不同文化和场合下的馈赠礼品选择、包装、赠送方式建议，生成因馈赠礼仪不当产生误解或不良影响的案例，分析不同礼品蕴含的文化意义。

模块二　宴会礼仪

利用大模型展示中西餐宴会的座次安排、餐具使用、用餐礼仪等知识，通过图片或视频呈现宴会礼仪细节，生成因礼仪失误导致尴尬局面的案例。

模块三　出行礼仪

大模型介绍乘坐不同交通工具的礼仪规范，以及在公共场合行走、排队等的礼仪，生成出行过程中遵守和违反礼仪的对比案例。

使用方式

学生提出“在中式宴会和西式宴会中，座次安排有什么不同”“去日本旅行时，有哪些需要注意的出行礼仪”等问题，模型依据不同文化背景解答，拓展社交礼仪知识。

第七单元

礼仪实践运用

学习目标

1. 掌握旅游行业典型工作岗位的礼仪服务标准与工作流程。
2. 掌握面试礼仪规范及注意事项。
3. 通过旅游行业典型的工作岗位模拟综合实训提升礼仪服务意识和技能水平。
4. 运用所学知识灵活处理旅游接待活动中出现的疑难问题，进一步提高与宾客礼貌沟通的能力。

模块一

旅游服务礼仪

案例导入

下午1时许，贵州旅客彭先生从长沙市长岛饭店匆匆退房，准备赶下午3时的飞机。坐上去机场的大巴后，彭先生突然发现机票不见了。接到求助电话后，客房部经理肖红英仔细查找了彭先生入住的房间，但一无所获。当得知彭先生前晚曾丢弃一些资料后，肖红英猜想机票可能被丢进了垃圾中。她当即组织员工前往酒店的垃圾处理站寻找，半个多小时后，彭先生的机票终于失而复得。没想到，彭先生在机场又遇到麻烦：由于其机票在垃圾堆中被水打湿，印记模糊，机场不允许登机。见此情况，肖红英主动帮其垫付650元钱补办了机票，彭先生得以顺利登机。见到肖红英忙里忙外为一个男人奔波，机场工作人员忍不住问她："这位先生一定是你的亲戚或是好朋友吧？"事后，彭先生特意给她发来短信，由衷地说："您诚挚的心灵让我万分感动，迷人的微笑让我感觉很亲切。"

思考：什么样的旅游服务是顾客喜欢的？要做好旅游服务工作，除了会"微笑"，还要做哪些？

知识导航

旅游服务礼仪是职业礼仪的一种，是指在各种旅游服务工作中形成的并得到共同认可的礼节和仪式，是服务人员在服务中恰当地表示对客人尊重和与客人进行良好沟通的技巧和方法。具体而言，旅游服务礼仪主要以服务人员的仪容、仪态、服饰、服务语言和服务流程等行为规范为基本内容。

一、旅游饭店服务接待礼仪

旅游饭店服务接待礼仪是指在旅游饭店服务工作中形成的并得到共同认可的礼节和仪式。它是衡量服务质量的重要标志之一。在饭店各岗位的服务中，接待礼仪的主要原则是"礼貌服务、宾客至上"，其目的是使客人有宾至如归之感。

视频：前厅迎宾礼仪

（一）饭店前厅接待礼仪

前厅是指客人进入饭店大门后到饭店客房、餐厅之前的公共区域。前厅服务是饭店服务的第一站，前厅也是每位客人抵离饭店的必经之地。前厅部是饭店中十分重要的部门之一，它可为客人提供登记、接待、订房、分房、换房、问询、电话、订票、留言、退房等各项服务。从前厅部所处的位置来看，它可以被称作饭店的“门面”或“窗口”。因为前厅部往往能给客人留下“第一印象”，在某种程度上，它也体现了饭店的整体形象。

1. 迎宾、迎接礼仪

（1）迎宾员、迎接人员上岗前要做好仪容、仪表的检查工作，做到仪容端庄、仪表整洁。上岗后，要做到站姿端正、精神饱满、面带微笑、全神贯注，随时做好迎送客人的准备。

图 7－1　前厅迎宾礼仪

（2）见到客人光临应热情主动地上前使用敬语亲切问候，可以点头致意，也可以躬身施礼，对客人的到来表示热烈的欢迎，并引领客人进店。接待团队客人时，为表达对每一位客人的诚意，要尽量不厌其烦地对同行的客人都致以问候语。问候时精力要集中，要注视客人，不要左顾右盼。

（3）要主动帮助客人提拿行李，但当客人不愿接受帮助时要适可而止，尊重客人个人意愿，不要与客人争夺物品。如果客人行李较多，门童应帮助客人提拿行李，待客人进入大厅后，再以手势示意行李员过来接行李。

（4）对于客人的各种行李物品要轻拿轻放，对于团队行李要集中摆放，以免丢失或错拿。要及时核准数目，切忌只顾图快而野蛮装卸，对易碎和贵重的物品尤其要加以爱护。

（5）注意疏导车辆，要保持饭店大门前交通畅通。客人乘坐的车辆抵达饭店时不能置之不理，要主动热情相迎。待车辆停稳后，如是大客车应主动上前招呼，并站在车门一侧负责维持交通秩序；如是小汽车应待车辆停稳后协助拉开车门，必要时用另一只手遮挡车门框上沿，为客人护顶，以免客人下车时头部碰撞到车顶门框。

（6）如客人属于老、弱、病、残、幼，应先问候，在征得同意后予以必要的扶助，以示格外关心。但如果遇到客人不愿接受特殊关照，也不必过分勉强。

（7）如遇雨雪天气，应主动为抵店客人撑伞遮挡。

2. 领宾入店礼仪

（1）陪同客人到总服务台办理住宿手续。若非特殊需要，迎接人员不要在客人身边指指点点，而应以正确的站姿侍立在客人身后约1.5米处。

（2）行李员陪送客人登乘电梯时，如是自动电梯应先侍立一旁，以手挡电梯门框，以免夹挤客人，并礼让客人先行入梯。在电梯内，行李员应尽量靠边侧站立，并将行李靠边放置，以免碰撞客人或妨碍客人通行。到达所需楼层，应示意请客人先步出电梯，不要抢先或与客人并肩而出。

（3）如需陪同客人进入楼层，应先与楼层服务人员打好招呼。在引领客人时应停下脚步，侧身让客人先行。进入客房时应先打开灯，并扫视房内，确认房间妥善后再请客人入内。进入客房后，将行李物品按规程摆放在行李架上并核对行李件数，交代清楚并告知客人总台及客房部的联系方式。客人没有其他问题时，不要借故逗留与客人聊天，或暗示、或硬性向客人索取小费，应及时道别退出。

（4）离开房间前，应微笑着说："先生（或小姐、夫人等），请好好休息，再见！"说完后面向客人后退一步，再转身退出房间，将房门轻轻带上，避免因用力过猛造成客人不快。

图7-2 领宾入店礼仪

3. 送客离店礼仪

（1）询问客人行李物品件数并认真清点。清点完毕后及时稳妥地将行李运送并安放在车上。如果是团队行李，应按客人的分房名单收取。行李员应核对每个房间出入店行李件数，装车后与陪同核对行李数量，并在团队行李出入店登记簿上签字备查。

（2）对于散客，将其行李物品放置好后不要急于离去，而应向客人一一交代。待客人准备启程时，应致"祝您旅途愉快""欢迎再次光临"等欢送词与客人道别，并为宾客将车门以适当力量关好。关门时要注意不要夹住客人的衣物。

（3）待车辆启动时，应向客人挥手告别，面带微笑目送客人离去。

4. 其他日常服务礼仪

（1）认真接待住店客人的来访者。接待住店客人的来访者也应该和接待客人一样热情。在接待对方时，应有礼貌地问明来访事由，及时通知客人，由客人自行决定是否同意会面。

（2）在岗值勤时，要有高度的责任心，注意力要集中，随时观察哪位客人需要帮助，主动为客人提供帮助。

（3）遇到客人需要乘坐出租汽车时应帮助联系。当出租车司机不懂外语时要尽量帮助翻译。如碰巧赶上暂时无车，应先安慰客人，再设法多方联系。联系时如需要打电话，应尽可能当着客人的面进行，让客人觉得你确实是急他所急，在尽力帮助他解决困难。

（二）总台服务接待礼仪

饭店的总服务台既是饭店的“窗口”，又是饭店管理的“神经中枢”，起着对内协调、对外联络的重要作用。总台服务人员在看到客人到来时应主动招呼、热情询问，并向客人介绍饭店的基本情况、住宿条件和房价。若客人表现出不愿在这里居住的表情，服务人员也应积极地为客人介绍其他饭店并礼貌道别。

1. 接待问询礼仪

图 7－3　接待问询礼仪

总台应始终保持整洁、干净，使人看上去有一种舒适的感觉。客人有事来到总台时，服务人员应及时放下手头工作，不能让客人等待。如果是正在接听另一位客人的电话，可向来客示意，并说声“对不起，请稍等”表示歉意，使客人有被尊重的感觉。在接待时，应注意以下几个方面：

（1）站姿端正，精神集中。服务人员工作时应站立，精神要饱满，举止要自然大方。工作时要全神贯注，不要出差错。服务人员要将客人的姓名记清楚，将客人的名字记错或读错是一种失礼的行为。不能一边为客人服务，一边接电话。在岗位上，不能与熟悉的客人谈话过久，不要同时办理几件事，以免精神不集中出现差错。

（2）热情主动，方便高效。总台服务人员要做到热情主动、微笑相迎、有问必答、百问不厌、口齿清晰、用词得当、去繁就简、节时高效；总台接待问询人员要熟悉业务，明确自己的职责，对国内国际航班、铁路交通最新时刻表和票价表及酒店所在地的风景名胜和日常生活、学习、工作等主要场所的特点、位置及电话号码等心中有数，以便届时能快捷地为客人解答问题。

视频：接待住宿礼仪

（3）学会观察，随机应变。总台服务人员要学会观察，记录客人个人资料以备用。当遇到客人犹豫不决、拿不定主意时，可以通过察言观色适时介入，热心为客人提供信息，当好参谋。但需要注意热情适度，不要参与客人的决策，更不要干涉客人的私生活。

2. 接待住宿礼仪

客人到来时应停下手中的工作，热情地向客人问候。问候时要正视对方、面带微笑，以“您好，欢迎光临”“您好，请问有什么可以帮忙的吗”等欢迎语欢迎客人到来，客人一抵店就应迅速为其办理住房登记手续。为保证总台服务高效率，在办理手续时应做到“接一、顾二、照看三”，即手上接待第一位客人、眼睛照顾第二位客人、嘴上招呼第三位客人。办理住宿登记时应礼貌地请客人出示证件，核对无误后应快速办理入住手续，以免让客人久等。一般而言，总台服务人员为客人迅速办理登记并分配房间，所用的时间应限制在两分钟之内。对于临时来店住宿的客人，如遇当天已经客满，要向客人做出解释，并主动向客人推荐其他相邻的酒店。如有可能，可当着客人的面打电话与其他酒店联系，设法解决。必要时，可同时协助客人联系出租车送行，还应热情欢迎客人以后再来，使客人没有被冷落之感。当重要客人住进客房后，按照惯例应予以特殊关照。

3. 电话服务礼仪

总台接待人员每天都要接到住店客人因各种事宜打来的电话。接待人员接到电话时应主动报出自己的电话号码和酒店全称，然后倾听来电内容，再分别处理。接待人员应使用敬语、文明用语，说话礼貌、态度诚恳，用标准的普通话，且语调亲切、音色柔美、发音准确、语速适中，保证对方能听清楚，但对有急事要通话的人要灵活掌握。

图7－4　电话服务礼仪

4. 投诉处理礼仪

饭店在服务过程中虽然力求尽善尽美，但不足和疏忽也在所难免。碰到客人投诉的情况时，简单地推诿或声称“不管”是不对的，工作人员应掌握一些处理投诉的原则和方法并灵活运用。处理投诉所需的条件和要做的事情很多，礼貌待客、真诚沟通就是其中之一。

（1）凡是前来投诉的客人都有着这样或那样的原因，带着不满情绪，有时甚至火气很大。在这种情况下，无论是前厅大堂副理还是其他接待人员都应注意，都必须以礼相待。不管客人情绪多么激动，都必须保持冷静，以自己谦和的态度感染客人，这有利于客人趋于平静，将问题和要求完整地予以表述。要注意，当客人前来投诉时，如果工作人员当时是坐着的，应该立刻站起来相迎，请客人就座后自己方可坐下。如果客人执意要站着说话，那么工作人员也应该站着，以此表示对客人的尊重。

（2）面对前来投诉的客人必须精力集中、排除干扰，以慎重、富有同情心的态度注意倾听。不要一面听着客人的投诉，一面干这干那，因为这是对客人缺乏尊重的表现。

（3）对于客人投诉的问题要详细询问，并当面记录下来，以示郑重。如果当场能够答复或解决，可在自己的职权范围内提供多种解决问题的方法，供客人选择参考。如果一时解决不了，或是超出自己的职权范围，应采取措施，或是向主管上司汇报，或是通知有关部门及时采取行之有效的措施。此间，还应不断收集问题解决过程中的信息反馈，并设法通知投诉的客人。

小案例

某饭店的一位住店客人，在大厅一侧的酒吧里买了一瓶瓶装果汁，不料突然喝到一块玻璃碴。客人很生气，叫服务员来处理。但当时酒吧里客人较多，服务员一时无法抽身，就请这位客人稍候。客人等了一会儿，火气更大了。拿着剩余的半瓶果汁和玻璃碴来到饭店总台，怒气冲冲地说道：“小姐，请问贵饭店是出售果汁呢还是出售能置人于死地的武器？”总台接待人员经验丰富，她明白事已至此单凭简单的道歉已无济于事，于是她关切又焦急地说道：“哎呀，非常抱歉，先生，请问喉咙和舌头受伤没有？”话一出口就让人感到了真诚的关心。当客人表示未受到伤害时，接待人员露出欣喜的表情：“先生，您真幸运，要是个粗心的人，那麻烦可就大了。”无形中，客人开始为自己运气好并且办事细致有些自豪了。“这种事情还从来没有发生过，不巧被您遇上了，让您受惊了，真对不起。”接待人员不失时机的解释和道歉终于使紧张的气氛开始缓和了，这一番有礼有节的话语使客人的情绪基本平复了。客人也感到自己点的果汁不是饭店生产的，一味责怪饭店似乎也不合适，于是便对接待人员讲起商品质量好坏对于一家饭店信誉的重要性，又建议接待人员向生产果汁的厂家反映质量问题。接待人员满口答应并当场记录下来。事后，还将准备给厂家邮寄的信、果汁瓶和玻璃碴等专门让那位客人过目。一场可能刮起的风波平息了，客人感到十分满意。

（三）饭店客房部接待礼仪

小案例

在广州的一家饭店内曾发生这样一件事。有一天，一位客人结了账离店前往北京，等下了飞机才发现将公文包忘在了饭店。客人马上打电话给饭店。正在收拾房间的客房服务员发现了皮包，在电话里问客人是尽快将它寄去还是等客人回来取。当问明皮包里有客人在晚上的演讲中必须用的幻灯片和资料时，服务员问清了地址，连工作服都未换便直奔机场，飞到北京将公文包及时送到客人手中，又马不停蹄地赶回广州。当服务员向经理解释完情况后，经理决定拿出5 000元作为服务员的奖金。

客房是饭店的重要组成部分，客房的清洁卫生程度、安全状况、设备与物品配置，服务项目是否齐全，服务人员的服务态度和水准如何等，都直接影响客人对饭店的印象。客房就是客人的“家”，要尽全力让客人感受到和在家一样方便、舒适和亲切。

1. 迎客服务礼仪

迎客服务是客房接待服务工作的首要环节。为了给宾客留下良好的第一印象，客房服务员应对自身的卫生、仪表仪态有足够的重视。应穿着统一的工作服，佩戴胸卡，保持服装的干净整洁。个人卫生方面要做到勤洗澡、勤理发。男服务员要每天修面，不留胡须，不蓄长发，女服务员不留长指甲，不化浓妆。

客房服务人员接到总台安排的接待客人的任务后，应及时做好迎接准备。认真检查准备接待客人的房间是否已按照规定的标准及规格清扫布置及配备用品，还应根据客人的具体情况对房间进行布置整理。房间布置好后要对房内的家具、电器、卫生设备进行检查，如有损坏要及时报修。

2. 楼层接待礼仪

客人由行李员引领到楼层时，客房服务员应面带微笑、热情招待。客人在客房范围内遇到的所有服务人员都应是殷勤、热情、礼貌的。当见到客人后，客房服务员应致辞欢迎，如“您好，欢迎您”等，如逢节假日迎宾，应对每一位客人给予节日的问候，如“新年好”“圣诞快乐”“春节愉快”等，语调要亲切自然，感情要真挚，使客人有春风拂面、温暖心田的感觉。在一般情况下，客房服务员应主动上前帮助客人提拿行李物品，但应注意，如客人不愿意将行李物品交由别人代劳，则不必勉强，不要与客人争抢行李物品。

3. 住店服务工作礼仪

为客人提供日常服务是时间最长、工作量最大、涉及面最广的工作。服务人员要想使客人在住店期间感到方便、舒适、称心如意，犹如在家里一般，必须时时留意、体察客人的需要，主动热情地为客人服务。

（1）整理房间。整理前先把工作本及用品备齐，然后敲门而进，尽量不打扰客人的休息和睡眠。了解客人是否有午睡的习惯，并且客房换下来的待更换物品要及时拿走，不要长时间放在走廊或过道，以免影响整洁。

（2）生活服务。来酒店住宿的旅客，必然会有许多生活琐事需要服务人员协助料理。提供这项服务时要注意食品的保温，送菜要迅速，所送食品不要遗漏，注意清洁卫生等。若客人患病，更应随时关注客人的需求，端送饮食，帮助服药。传染病患者住过的房间必须彻底消毒，防止交叉感染。

（3）代办事务。客房服务人员有时须接受客人委托购买药品、取送物品、打印文件等，样样事情不得马虎，要按照酒店的有关规定去办理，做到细心认真、善始善终。

（4）保护客人安全。客房是客人在饭店逗留期间最重要的场所。客房服务人员应尽量记住客人的姓名、特征等，注意保守客人的私密，不将客人的房号、携带物品及活动规律等个人情况告诉无关人员，不要将客人不认识的人引见给客人，未经客人允许不准将来访者带入客人的房间。

4. 离店送客礼仪

了解客人离店的日期、时间，所乘交通工具的车次、班次、航次；仔细检查客人所委托代办的项目是否已经办妥，各种账单是否结算、付清。利用客人临行前到房间服务的机会查看房间内的各种主要配备用品有无损坏或短缺，如发现损坏或短缺应婉转询问，讲究说话的方式、态度和技巧，以免因态度生硬、口气严厉、措辞不当而使客人产生不快，同时应向客房部主管报告，妥善处理。客人离店前，客房服务人员应主动征求客人意见，以便不断改进服务工作。征求意见时应态度诚恳、认真记录、衷心感谢，并欢迎客人再次光临。客人离店，客房服务人员在送别客人时应协助行李员提送客人的行李物品，热情地将客人送至电梯口，代为按下电梯按钮，主动向客人致意，以敬语向客人表示感谢、告别，并热忱地欢迎客人再次光临。

客人离开房间后，服务人员应迅速入房仔细检查。如客人有遗忘的物品，应立即交给客人；如果已经来不及，应送交客房部办公室登记保存。

（四）饭店餐饮部服务礼仪

小案例

在一家饭店的中餐厅里，正值中午时分，用餐的客人很多，服务员忙碌地在餐台间穿梭着。有一桌客人中有几位外宾，其中一位外宾在用完餐后顺手将自己用过的一双精美的景泰蓝食筷放入随身携带的皮包里。服务员在一旁将此景看在眼里，不动声色地转入后堂。不一会儿，服务员捧着一只绣有精致图案的绸面小匣走到这位外宾身边说："先生，您好，我们发现您在用餐时对我国传统的工艺品景泰蓝食筷表现出极大的兴趣，餐厅经理决定将您用过的这双景泰蓝食筷赠送给您，这是与之配套的锦盒。"这位外宾明白自己刚才的举动被服务员看到了，解释说自己喝多了，无意间误将食筷放入包中，感激之余更执意出钱买下了这双景泰蓝食筷，作为此行的纪念。

综合性饭店餐饮部一般会设置多个餐厅。餐厅是客人就餐的场所，其经营水平直接影响饭店客房和商品的销售，也直接影响宾客对饭店的经营服务水平的评价。餐厅岗位服务人员主要有迎宾员、迎领员、值台员和传菜员。餐厅中的所有工作人员，不管从事哪个岗位，都要格外重视个人形象与卫生：头发要经常梳洗，发型要朴实大方，指甲要经常修剪，不得留长指甲，也不要涂有色指甲油，注意口腔卫生，上班前忌吃葱、蒜、韭菜等有异味的食物，不得喝酒等。

视频：餐饮部服务礼仪

1. 迎宾接待礼仪

迎宾接待人员着装应华丽、整洁，仪容应端庄、大方，站姿应优美、规范。迎宾要主动积极，答问要热情亲切，使客人有受欢迎和被尊重的感觉。一般在客人到来前要有一到两位服务员在餐厅门口迎接，较高规格的宴请必须由餐厅经理或值班经理在餐厅门口迎接。当客人走到距前厅约 1.5 米处时，迎宾人员应面带微笑拉门迎宾，并热情问候“您好，欢迎光临”或“小姐（先生），晚上好，请问一共几位”或“您好，请问您预订过吗”，同时用靠门一边的手平伸指向大厅，请客人入厅。如果男女客人一起进来，要先问候女宾，然后问候男宾。见到年老体弱的客人要主动上前搀扶，悉心照料。

在客人进入后及时询问客人是否有预订，要迅速查阅预订单或预订记录，将客人引到其所订的餐桌。如果客人没有预订，应根据客人到达的人数、喜好、年龄等选择桌位，同时要考虑餐厅就餐人员的平衡。

2. 引座礼仪

引领客人时，服务员应在客人左前方一米左右的距离行走，并不时回头示意客人，用手势把客人引到其所订的餐桌。客人被引到餐桌边，值台服务员应立即迎上前去向客人问候，然后按照先宾后主、女士优先的原则，以轻巧的动作用双手拉开座椅，招呼客人就座。拉椅让座时动作要和客人配合默契，在客人屈腿入座的同时轻轻推上座椅。推椅动作要适度，使客人坐好、坐稳。对那些没有预订的客人，引座时要根据客人的不同情况及先后次序分别安排座位。如果客人要求到一个指定的位置，应尽可能满足其要求，如该座位已被占用，引位员应解释、致歉，然后带他们到其他适当的位置去。靠近厨房、出入口的位置往往不受欢迎，对那些被安排在此就餐的客人要多说几句抱歉的话。

图 7－5　引座礼仪

3. 就餐服务礼仪

（1）递巾送茶。客人坐稳后，服务员要用托盘送上毛巾和茶水。递送要从主宾开始按顺时针方向依次进行。递送毛巾时要招呼客人“先生（小姐），请”，送茶水时切忌手指接触杯口，动作要轻缓。

图 7－6　点菜礼仪

（2）递送菜单。服务员要随时注意客人要菜单的示意，适时地递上菜单。递送菜单时要从客人的左边递上，态度恭敬，不可将菜单往桌上一扔或随便塞给客人，不待客人问话就一走了之，这是很不礼貌的举动。对于男女客人或夫妇，应将菜单先递给女士；对于宴请，应将菜单递给主人，或征求主人意见后再递送菜单。

（3）恭请点菜。菜单送上后，服务员要耐心等待客人点菜，不要催促客人，让客人有充分的时间考虑并决定。服务员应对菜单有所了解，对客人有可能问及的问题做好准备，对每一道菜的特点要能予以准确的描述。当客人一时不知点什么菜好时，服务员应为其做好参谋，热情推荐本餐厅的特色菜、时令菜、创新菜，推荐时要讲究说话的方式和语气，注意察言观色，考虑客人的心理反应，不要勉强或硬性推荐，以免引起客人的反感。

图 7－7　餐间服务礼仪

记录客人点菜时，服务员应站在客人的旁边，并注意站立的姿势，要精神集中地聆听，随时准备记录。如客人所点的食物菜单上没有，不可一口回绝，而应尽可能满足客人的要求，此时可以礼貌地说："请允许我问一下厨师长，尽量满足您的要求，好吗？"如果客人点的菜无货供应，服务员应主动道歉并婉转地建议客人点其他口味相近的菜肴。

4. 餐间服务

（1）斟酒服务。斟酒要严格按照规格和操作程序进行，由客人自己决定选用哪一种酒水，服务员不要自作主张。凡是客人点用的酒水，开瓶前，服务员应用左手托瓶底，右手扶瓶颈，商标朝向主人，请其辨认。这主要包含三层意思：一是表示对客人的尊重，二是核对选酒有无差错，三是证明商品质量可靠。斟酒的多少要根据各类酒的要求来服务，例如：斟白酒时，一般斟八分满，即酒杯的3/4；红酒一般只斟1/2杯；斟香槟酒要分两次，第一次先斟1/3杯，待泡沫平息下来，再斟至2/3即可；斟啤酒或其他泡沫酒时，因泡沫较多，极易沿杯壁溢出杯外，故斟倒速度要缓慢，可分两次斟，或使啤酒沿着酒杯的内壁流入杯内。斟酒的顺序是先主宾后主人，再按顺时针方向依次进行。斟酒时瓶口不要碰到杯口，也不要拿得过高，以免酒水溅出。不要站在一个位置上同时为两位客人斟酒。

图7-8 示酒礼仪

（2）上菜服务。按餐厅的服务要求在适当的位置为宾客上菜。上菜的同时要报菜名，必要时简要介绍所上菜肴的风味特色、典故、食用方法等，然后请客人品尝。除此之外，服务员还要掌握好上菜时机并遵循一定的上菜程序，并根据客人的要求和进餐的快慢灵活掌握，既不能只管上菜，造成桌面上盘碟杂乱的现象，也不能出现上菜不接下菜的局面，致使客人不满意，影响服务质量。

小案例

豪华的中餐厅里灯火辉煌，大大小小的餐桌摆台就绪。迎宾小姐伫立在餐厅口恭候客人。两位客人在一张小方桌前坐下。餐厅服务员递上菜谱，客人开始点菜："先来凉菜。这'家乡咸鸡'是什么鸡做的？是农民喂养的草鸡还是饲养场买来的肉鸡？"

"不知道，我没吃过。"服务员老老实实地回答。

……

"'佛跳墙'是什么菜？怎么那么贵？"客人指着菜单问道。

"好多东西都放在瓦罐里煲，很鲜的。"服务员总算比较含糊地回答了问题。

"那'海鲜佛跳墙'与'迷你佛跳墙'有什么区别？"客人要有所选择。

服务员嗫嚅了。

客人不悦地对服务员说："算了，算了，你讲不清楚，我们也怕白花冤枉钱，那就点别的菜吧。"

（3）撤盘服务。为体现服务的优良和菜肴的名贵，突出菜肴的风味特点，保持桌面卫生雅致，在进餐的过程中需要多次撤换餐具。重要的宴会要求每上一道菜换一次餐碟，一般宴会的换碟次数也应不少于三次。服务员撤换餐具时要注意客人是否吃完（西餐可看刀叉是否已合拢并排），如无把握应轻声询问"请问，这还需要吗"或"可以撤吗"，切不可以在客人正在吃时撤换餐具。上、撤餐具要轻拿轻放，如使用托盘，动作要优雅利落。

（4）主动服务。在客人就餐的整个过程中，服务员应主动为客人提供相应的服务，满足客人所需。主动服务就是指客人尚未开口，服务员即通过客人在需要帮助时所表现出来的种种迹象（如表情、手势和姿势等）意识到客人的需求并及时提供帮助。

（5）结账送客。客人餐毕，应把账单正面朝下放在小托盘上，递给主人，在递送时应说"先生（女士），这是您的账单"，切不可将消费金额大声告知所有人。当主人付款后要表示感谢。主人及宾客结完账起身离桌时应及时为其拉椅，同时提醒其检查是否遗忘了随身物品，并送客人至电梯口或大门处，向客人道别，鞠躬施礼，目送宾客离去。

二、旅行社主要岗位服务礼仪

小案例

三八妇女节将至，李经理打算组织单位的80多名女职员外出旅游。当他走过一家旅行社时，看到旅行社门口张贴着一些旅游线路广告，就顺便进去看看，准备和这家旅行社谈一下外出旅游的事情。不料他到了旅行社半天都没有人搭理，只见两个接待人员正在低头看杂志。李经理无奈，只好指着一则路线广告向接待人员咨询。谁知，其中一个接待人员瞥了他一眼说："广告上面写得很清楚的，你自己看看吧。"李经理看到这一幕，没有多说什么，非常生气地走出了这家旅行社。

（一）门市接待服务礼仪

接待人员面对面为旅游者服务，其态度热情与否，业务是否精通，办理效率的高低，都体现了整个旅行社的管理水平。因此，门市接待人员应热情、礼貌待客，对旅游者的询问给予迅速、准确的解答，并提出合理的建议，力争给顾客留下良好的印象。

1. 接待旅游者的礼仪

当客人来访时，门市接待人员应起身招呼，亲切问候，询问客人身份和来意，同时向客人自报姓名，并不失时机地向旅游者介绍本社旅游产品，竭力促成旅游者的购买行为。如果旅游者不能马上确定购买，门市接待人员应表示欢迎其再次光临，事后将有关资料整理归档。要随时观察旅游者的动向，注意他们的安全，倾听他们的主张和要求，并在不违反合约和不增加旅行社经济负担的前提下尽量满足其要求。

2. 办理散客代办业务的礼仪

（1）门市接待人员在接到办理散客来本地的委托代办业务时，要首先了解对方旅游者的有关情况，详细记录对方（委托方）旅行社名称、委托人姓名及通话时间等，以便有据可查，根据实际情况认真填写任务通知书并立即按内容进行预订，若客人需要导游服务，应及时落实导游人员。若委托的某些项目无法提供，应在24小时内通知委托者，以便委托方做好应变准备。

（2）代办散客赴外地的委托业务。门市接待人员在接受和办理赴外地旅游的委托时，应热情周到，耐心询问客人的要求，并做记录。认真检查其证件，并有礼貌地请旅游者本人填写委托书等表格，对客人不明白的注意事项要耐心解释。

（3）受理散客在本地的单项旅游委托业务时，门市接待人员要热情、主动地询问旅游者的要求，微笑、耐心地说明旅行社所能提供的各种服务项目和收费标准，拿出委托书请旅游者自行填写。当旅游者办妥单项委托服务手续后，应礼貌地与旅游者道别，并及时通知有关部门。

3. 门市部商务洽谈人员的接待礼仪

（1）创造融洽、友好的气氛。接洽者的语言表达应文明礼貌、分寸得当，使洽谈双方始终处于一种友好气氛中。出言不逊、恶语伤人会引起对方的反感和不满，往往给谈判造成障碍，甚至导致洽谈的破裂。

（2）平等待客，慎重洽谈。接待来旅行社的客人应该平等对待，因为有差别地对待客人是很不礼貌的行为。客人未离开时不要谈论该客人的事。

（3）了解对方的洽谈技巧。在商务接洽过程中，除了仔细倾听对方的发言，注意观察对方的举止、神情、仪态，以捕捉对方的思想脉络、追踪对方的动机之外，还可以通过适当的语言表达投石问路，了解对方的想法，获得必要的信息，这是更为直接有效的方法。

（4）弹性表达礼仪。旅行社接洽人员在洽谈中一定要注意分寸、留有余地，不能说“满口话”，要使话语具有一定的弹性，给自己留下可以进退的余地。

（5）要表现得有风度。介绍旅行社业务要客观真实，洽谈中不要急于求成，应始终保持一种平和的心态，耐心等待，洽谈工作较为顺利时不要喜形于色，遇到客户推辞拒绝时也不要垂头丧气。有涵养的商务洽谈人员往往是先推销形象，再推销产品。

（二）导游服务礼仪

小案例

金秋十月，北京的导游景先生接待了一个欧洲的老年旅游团。在机场接到客人后，旅游团的女领队坦率地对人高马大的景先生讲，这个团队的成员都是一些年龄大的旅游者，她的公司事先已经发过电传，希望北京的旅行社能够指派一位耐心细致、形象俊秀的女士来接待，因此要求更换导游。

景先生微笑着对领队讲，目前正值旅游旺季，接待人员比较紧张，而且旅游计划上也没有注明客人的要求，可能组团社没有通知到。如果到饭店后客人仍要求换人，他一定积极与旅行社联系，满足大家的要求。现在最紧要的是帮助客人清点行李尽快上车，因为经过长途旅行，游客们一定很疲劳，需要回饭店休息。领队听景先生讲得有理，便点头应允了。紧接着，景先生帮助大家清点行李，与行李员交接后就准备带领游客们上车。上车时，他很礼貌地逐一搀扶那些行动不便的老年游客，请他们注意安全。看到景先生毕恭毕敬、小心谨慎的样子，领队不禁点了点头。

在驶向饭店的路上，景先生开始为大家导游。针对老年人需要耐心和尊重的特点，景先生讲道："女士们、先生们，在向诸位介绍我、司机、北京和中国之前，请允许我向大家表示诚挚的敬意。我是大家此次来华后所见到的第一个导游，我一定像招待家里的长辈那样尽心地为大家服务，让你们和你们的家人放心。中国人是十分好客的，你们到中国旅游就像到了好朋友的家里。"此时车后的领队再也忍不住了，她有些歉意地对景先生说："景先生，我们不需要换人了，你是我们这次见到的第一个中国导游，也是最理想的导游，希望我们合作愉快。"听完领队的话，游客们纷纷鼓起了掌。

1. 保持清新、整洁的仪容

导游面部妆容不宜太浓，女导游可以化淡妆。发型不宜太过新潮、古怪。不宜戴着墨镜面对游客讲解。仪容要讲究分寸，个性、特色要适度。外出活动后要记得及时洗脸，经常沐浴，保持个人卫生。让自己舒服，让客人满意。

2. 着装规范、整洁

在工作中，导游应穿比较正式的服装并佩戴导游标志。服装应和随身佩戴的导游标志相符。导游证（胸卡）、旅行社的徽章佩戴在服装左胸的正上方或端正挂于左胸前。胸卡要与手持的导游旗和谐一致，使本团的游客和周围的人群鲜明地感受到导游的职业形象。

图 7-9 导游讲解礼仪

3. 仪态举止端庄、大方、稳重、充满活力

导游应给游客亲切感和信任感。走路时脚步要轻，坐下时不要跷二郎腿。引导和讲解时可适当做些手势，但动作不宜过大。伸懒腰、挖鼻孔、掏耳朵、脱鞋纳凉等动作是不礼貌的。咳嗽和打喷嚏时，应当用手帕捂住口鼻并面向一旁，尽量避免发出很大声音。

4. 服务严谨、态度和蔼

导游与游客交往时要注意态度随和、不卑不亢。对游客一定不能表现出妄自尊大、目中无人的样子。对游客的提问尤其是频繁提问，要有耐心并及时解决。如果不认同游客所说的意见和观点，最好不要和游客争论，而应耐心倾听，温和地表示听懂了对方的话。在具体的导游接待和服务过程中，要尊重游客的宗教信仰和风俗习惯。对导游过程中发生的各种差错和事故，如遇到让自己很不满或愤怒的事情，一定要冷静，不能采取粗鲁的态度和过激的行为，应当尽力保持文明、高雅的姿态，以理服人。

5. 交谈时态度诚恳、自然

导游和游客交谈时要注意分寸，尤其在对外交往中，更要注意尊重游客的隐私和交谈习惯。一般情况下，导游和游客在交谈过程中要遵循“五不问”原则：第一不问年龄（尤其是女性），第二不问婚姻，第三不问履历，第四不问收入，第五不问家庭地址。导游与游客交谈时要保持合理的距离，以相距半米为宜，手势不要太多，更不要唾沫横飞。

6. 遵时守约，言而有信

导游必须有严格的时间观念。爱惜时间、遵守时间是尊重游客的表现。导游要严格遵守时间、守时守信，及时将每天的活动时间安排清楚并告知每位游客，并且随时提醒。

（三）旅游商务活动礼仪

1. 注意微笑与行礼

微笑是顾客的阳光，微笑是最好的服务。旅行社接洽人员要时刻保持饱满的精神，主动关心游客。行礼是诚心的表现，美丽优雅地行礼，不仅要求行为上有规矩，而且还要有诚心诚意的内涵。

2. 问候、说话要谦和亲切

对于来访的同行或业务伙伴，应该像招待老朋友一样热情亲切地问候，让其感受到被重视。但是这种热情也要把握分寸，过分的热情只会适得其反，让对方产生一种高度戒备的心理。因此，对待不同的客户，应视具体情况采取不同的方式。

3. 随时等待客人

进行商务洽谈活动，如果不方便在旅行社接待，可以约客户到合适的场所。必须注意的是，约客人见面时应该提前到达约定的场所，宁可等客人，也不可让客人等。“出迎三步，身送七步”，是迎送客人最基本的礼仪。

4. 用握手表示真诚

礼仪最基本的要求是有发自内心的诚意。笑脸迎客，以诚感人，能得到来访者的好感，而且会使来客感到亲切。如果再加上很有礼貌地握手，更能增添彼此的亲密感。

5. 姿态优雅、规范

言行举止是一个人人格的表现。优雅的坐姿、规范的站相、稳健的步伐是完美人格的基本表现。

小案例

张小姐是某旅行社的新员工，由于工作出色，随领导到中东地区某国考察。抵达目的地后，他们一行受到东道主的热情接待。宴会席间，为表示敬意，主人向每位客人一一递上一杯当地特产饮料。轮到张小姐接饮料时，一向习惯于“左撇子”的张小姐不假思索便伸出左手去接。主人脸色骤变，不但没有将饮料递到张小姐的手中，而且非常生气地将饮料重重地放在餐桌上，并不再理睬张小姐。这是为什么？

知识拓展：餐厅服务员针对特殊顾客群体的服务礼仪

模块二
求职礼仪

案例导入

马上就要大学毕业了，但大四学生李琳却陷入了迷茫之中。大学这四年感觉浑浑噩噩的，自己没做什么了不起的事，也没做什么出格的事，书读得也不怎么样，奖学金根本没得过。总之，感觉自己什么方面都是普普通通的。这样的条件，去找工作，能成功吗？

思考：怎样才能让自己在求职中展现亮点？

知识导航

大学毕业时，可能有相当一部分毕业生的状态和案例中的李琳同学一样。他们感到焦虑，四年大学生活似乎一片空白，觉得自己没有特长、没有优势，更没有工作经历。每个人都希望在求职中能够一举成功。其实，求职的成功除了需要应聘者具备良好的专业素养外，也需要其掌握求职中的一些惯例与技巧，尤其是求职过程中的礼貌礼仪，往往对结果起着举足轻重的作用。因此，应该认真准备，严肃对待求职过程。

一、面试前的准备

（一）准备好简历和相关资料

1. 简历与求职信

面试前准备个人简历的电子版与纸质版，而且纸质版要全部都是打印的，不能是复印的，以保证字迹清晰。如果你应聘的是外企，则需要准备双语简历。对应的中英文求职信也需要认真准备。一般在用电子邮箱发送简历的时候，可以在邮件正文中附上语言精练的求职信。求职信相当于开场白，能够激发别人的阅读兴趣。

视频：面试礼仪

在撰写简历时要注意以下几点：

（1）内容真实。简历内容必须真实，因为在面试时，你的简历就是面试官的靶子，他会就简历上的任何问题提出疑问。

（2）简单明了。如果简历内容过多又缺乏层次感，会给人琐碎的感觉。必要信息，如姓名、性别、出生年月、联系电话和地址等一定要写上。可以将自己认为重要的信息全部浓缩到第一页，然后把认为次要的信息，如成绩单、获奖证书复印件等作为附件。这样的简历面试官只看一页就清楚了。

（3）正确无误。简历应该没有错误，一定要在寄出简历之前，逐字逐句地检查一遍，标点符号也不能落下。否则你会被认为是一个粗心的人，在激烈的竞争中就可能被淘汰。

2. 证件的原件、复印件、扫描电子版

资料应该根据应聘单位的要求准备，包括但不限于身份证、学生证、毕业证、学位证、户口本、与专业相关的资质证书、外语等级证书及各种荣誉称号证书等。有的用人单位会要求求职者携带一寸或两寸证件照，同时你还应该准备照片的电子版，这种照片还可以用来进行网络申报。

3. 签字笔和笔记本

这是求职的标准配备之一。在求职时，要多准备几支黑色签字笔。笔记本可以用来记录用人单位的相关情况，如单位地址、面试官的电话号码等。在开说明会或者工作人员讲注意事项时可以及时记下，以保证不会忙中出错。

（二）做好充分的心理准备

在面试前一定要换位思考，根据面试的工作职位要求及面试单位的特点试想一下面试官会从哪些方面来考查、评价面试者。综合来看，面试官一般会把注意力放在以下几个方面：一是应聘者的衣着、外表、仪态和行为举止；二是应聘者的专业知识、口才、谈话技巧；三是应聘者的性格和人际关系，并从谈话过程中了解应聘者的情绪状况及人格成熟的程度；四是应聘者对工作的热情程度和责任心，了解应聘者的理想、抱负和上进心。

面试之前求职者也要好好地审视自己，想一想自己有何特点，如自己的长处、兴趣、人生目标、就业倾向等。

（三）搜集招聘公司的相关资料

在应聘之前要了解该公司目前的经营状况、企业文化、未来的发展等情况，这项工作能使应聘者把握现况，增强面试时的信心。

（四）了解并演练必要的面试礼仪

在面试之前演练一下并不熟悉的礼仪，如鞠躬、握手、礼貌入座、标准站姿、递送物品等，会让你在面试中表现得轻松自如。另外，应准备一套适合面试的服装。对于大学毕业生来说，求职是参加工作的第一步，此时的穿着一定要符合新的社会角色。对男性来讲，拥有一套合身、穿着舒服但不很昂贵的西装是非常有必要的。对女性来说，职业套装最为得体。面试前一定要试穿面试着装以便及时发现有无破损、绽线、掉扣等情况，有的话要及时处理。

二、面试时的礼仪

面试时，必须掌握以下礼仪要点：

（一）入座礼仪

进入面试官办公室时，必须先敲门。进入后要礼貌地问候面试官。称呼面试官的方式一般是“姓＋职务”，如张总、李经理、刘主任。之后应等面试官示意坐下才可就座。若有指定座位，则应坐在指定的位子上；若无指定座位，可以选择面试官对面的位子坐定，如此方便与面试官面对面交谈。坐下时要姿态优雅、端正得体。

（二）自我介绍的分寸

当面试官要求你做自我介绍时，不要长篇大论，只需将重点挑出，稍加说明即可，如姓名、毕业学校、主修科目、专长等。如果面试官想更深入地了解你的家庭背景及成员，再简单地加以介绍。通常，面试官都是公司的高级主管，时间安排得相当紧凑，因此自我介绍越简洁有力越好。

（三）交谈的礼节

交谈是求职面试的核心。在这个过程中，要根据自我介绍和交谈内容，控制音量、语速、语调，在抑扬顿挫之中表现出你的坚定和自信。交谈中还要注意谈话礼貌，不要打断对方的讲话，要集中注意力认真倾听。对于对方的讲话，要听清和正确理解对方讲的一字一句，不但要听出其“话中话”，而且要听出其“弦外音”，这样才能做出敏捷的反应。

回答问题时要口齿清晰、发音正确，使用普通话。讲话要言简意赅、通俗易懂。不要为了显示自己而只顾使用华丽的辞藻。做到准确精练地表达自己才是聪明的做法。

麦肯锡公司有一句名言：“所有的事情都可以分成三句话去讲。”在回答面试官的问题时，不妨按照这样的套路，分第一、第二、第三来讲，这样面试官听得清楚，你也不会遗漏要点，发言也更有逻辑性。

另外，在交谈时要控制谈话速度，学会放慢节奏。通常，语速过快，容易给人不自信、不稳重的感觉。在面试时，只要保持适中的语速就可以，切记不要为了让面试官对你的口才心悦诚服而加快语速。在回答面试官的问题之前，应该思考三五秒钟，这样做主要是给面试官留下你会深思熟虑的印象。

（四）拥有职业化的举止

一家医疗机构为了选拔护士长进行了一次面试。一位应试者在笔试中是佼佼者，但在面试过程中，她不但总是用手指敲击桌子，不断地用脚踢打地板，还时不时地扭动身体。面试结束后她认为自己很有希望，结果却落选了。她为什么会落选呢？原因就是她缺乏职业化的举止。许多面试者往往只注重衣着和话语，而忽略了胜过有声语言的形体语言。职业化的举止，就是一种“无声胜有声”的形体语言。

形体语言是指人的动作和举止，包括姿态、体态、手势和面部表情。在面试中，面试者应该特别注意自己的站姿、坐姿、走姿等。站姿给人的印象非常重要。人们往往认为其简单而忽略它的重要性。站立时应当身体挺直、舒展、收腹，眼睛平视前方，手臂自然下垂。这样的站姿给人一种端正、庄重、稳定、朝气蓬勃的感觉。面试时正确的坐姿从入座开始，入座的动作要轻而缓，不要随意拖拉椅子，身体不要前后左右晃动，背部要与椅背平行，沉着、安静地坐下。落座后，上身要保持直立状态，既不前倾，也不后仰。双手自然下垂，肩部放松，五指并拢。男女的坐姿还有一定的区别：男性可以微分双脚，这样给人以自信、豁达的感觉，双手可以随意放置；女性一般要并拢双膝，或者小腿交叉端坐，这样给人端庄、矜持的感觉，双手一般要放在膝盖上。面试时重要的是自信，这种自信可以通过你的走姿表现出来。现在，越来越多的公司意识到走姿的重要性。自信的走姿应该是：身体重心稍微前倾，挺胸收腹，上身保持正直，双手自然前后摆动，脚步要轻而稳，两眼平视前方。步伐要稳健，步履自然，有节奏感。

值得注意的是，在日常生活中，每个人都会有一些属于自己的习惯动作，如挠头、揉眼睛、玩手指、双手交叉在胸前等。若是在平时，你尽可以去做，但在面试时，这些小动作都要避免，因为它们会分散人的注意力，给面试官留下不好的印象。中国有句古话："此时无声胜有声。"用你无声的、职业化的举止，向面试官表明"我是最适合的人选"。

图 7－10　面试举止礼仪

（五）保持微笑

微笑在求职中非常重要。第一，微笑可以反映出你的良好心境——乐观向上、充实满足。第二，微笑可以显示你的自信。面带微笑，往往会给人以内心充满自信的感觉，并且能够以不卑不亢的态度与面试官交往。第三，微笑可以展示你的真诚和友善。保持微笑，可以让人觉得你真心待人。这样一来，对方会觉得比较轻松，进而拉近双方的心理距离。第四，微笑可以表现你的积极心态。面对工作保持微笑，说明你热爱工作，对工作积极，乐于尽职尽责。

小案例

李娟毕业于师范院校，但她在课余时间曾经用心学习过软件设计的知识，大学时还在广告公司做过兼职。做了两年老师之后，她觉得自己还是对设计比较感兴趣，因此抱着试试看的态度，向一家广告公司发了简历并意外地收到了对方的面试通知。在做了充分的准备之后，李娟去用人单位面试。后来，她成为这家广告公司的正式员工。工作之后的一次偶然机会，李娟问当时面试自己的部门经理，为什么会在那么多求职者中选中她。部门经理给了她一个出乎意料的答案："虽然你不是学设计的，但有一定基础。最为关键的是，你真诚的微笑感染了我。通过你的微笑，我看到了你有一种特别的自信，对这份工作也很喜欢。"

微笑是所有表情语言中最有魅力的一种。在面试中，你要把握每个机会展示你自信而自然的笑容，并注意以下几点：

1. 给人乐观的感觉

在面试时，即使很紧张也一定不要板着面孔、苦着一张脸或者表情呆滞，否则一定会给面试官留下不佳的印象。

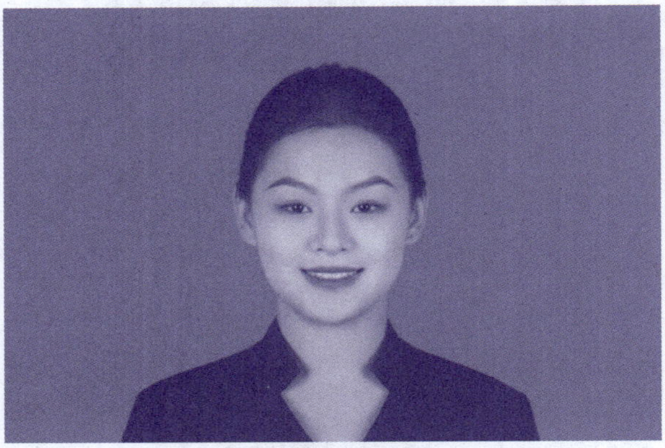

图 7－11　面试微笑

2. 微笑有标准

在微笑的时候，嘴唇咧开的宽度应达到脸部的1/2，嘴唇应以脸部中心线为基准保持对称，同时尽量少露出牙龈，如果露出，应控制在2毫米以内。微笑时，要放松面部肌肉，保持目光柔和，眉头自然舒展，这样的面部表情能体现你内心深处的真善美。千万不要让自己的微笑变成假笑、媚笑、窃笑或怪笑。

3. 当笑则笑

一切都要顺其自然，当笑则笑，不当笑则不笑。当谈到比较严肃的话题时，应该从面部表情上予以配合，以示你对所谈内容比较关注。

4. 收放自如

微笑时，切忌强装笑脸，应遵循笑的原理，不要笑得快消失得也快。另外，不要只把微笑留给高管，面对那些接待你的人，如门卫、前台、秘书、文员等，也不要吝啬你的微笑。

（六）面试的其他细节

面试时，千万不要出现不礼貌的行为，如嚼口香糖、抽烟，因为这些小动作也会被面试官列为评判内容。与人谈话时，口中吃着东西、叼着烟都会给人不庄重的感觉，也显得不尊重对方。坐下时不要弯腰垂头，这种姿势不但显得没朝气，也会令人觉得你对此次面试缺乏兴趣。正确的姿势应是腰杆挺直，双手放于适当位置，双眼直视对方并面带微笑。自己随身带的物品，不可放置在考官办公桌上。可将公文包、大型皮包放置于座位下右脚的旁边，小型皮包则放置在椅侧或背后，不可挂在椅背上。

三、面试结束的礼仪

（一）礼貌话别

面试结束时，应该为占用面试官宝贵的时间而向对方致谢，并与对方道别，例如："非常感谢您给了我这次宝贵的面试机会。""衷心地感谢您，再见！"然后，拿好自己随身携带的物品，从容离开。走到门口时应转向室内，边向面试官点头边轻轻地退出面试室，然后关好门。离开时，如果见到引导你进入面试地点的工作人员或其他接待人员，也应向他们表示感谢。这可以表示对他们的尊重，显示你良好的个人素养。

（二）始终如一

即使面试官已经很明确地、委婉地拒绝了你，你也应该表现得冷静、大方、不卑不亢。这样会让对方觉得你是个明理的人。走出面试官的办公室后，不要表现出浮躁不安、急欲离去的样子。在道别时，不要只顾忙着整理个人物品，那是一种极不礼貌的表现。走出办公室，不能马上在走廊、过道等地方打电话或哼唱歌曲，不能兴高采烈地大声叫喊，也不能无精打采地走出用人单位和办公大楼。

（三）不追问结果

在面试结束的时候，即便你热切地盼望得知面试结果，也不应该急于追问。对方可能需要和其他人交换意见，甚至进行优劣排序，之后才能做出选择。在这个时候追问是毫无意义的，反而会让面试官感觉你急功近利。面试官不仅因为没有确定的结果而难以回答你的问题，也许还会对你心生反感。

（四）及时跟进

面试结束后，有不少求职者都会觉得这次应聘结束了，自己等着 HR 的通知就行了。其实，面试后，你还有不少工作要做。写感谢信就是你所需要做的工作之一。感谢信是对面试官的一种尊重与礼貌，可以加深面试官对你的良好印象。它可以让面试官觉得你深信自己是一个合适的求职者，而且你对这份工作有着强烈的兴趣和热情。通常，面试官对求职者的记忆是短暂的。感谢信能让你显得与众不同。在面试后写一封言辞得当的感谢信，往往会增加被录用的机会。感谢信的内容应该简单明了，不可太长，三五百字即可。在感谢信中，一定要写对对方的姓名、职务或职称，应该使用规范的商务书信格式，可以发送电子邮件，也可以使用质量稍好的纸打印出来。如果你对自己的字比较有信心，也可以手写。写完后要认真校对，以确保没有任何错误。最后，不要忘记署上自己的名字。

小案例

一名资深HR讲述了一位面试失败者在面试之后补救失误的小故事。职场新人小曾在面试过程中因为表现得不够完美而被淘汰了。回去之后，小曾越想越生自己的气。本来那些问题自己都有所准备，只是在回答的时候因为过于紧张而没能好好表现。于是，她给HR手写了一封信。在信中，她表达了自己的感谢，很诚恳地表示自己在这次面试中表现得不够好。在信的末尾，她表示如果有人毁约而出现职位空缺，或者有类似的工作岗位空缺，希望给她机会。这封补救信给这位资深HR留下了深刻的印象。恰巧办事处有其他工作岗位在招聘，HR一下就想到了小曾。最后小曾也确实获得了这个工作机会。

知识拓展：面试前的自我检查

育人园地

有句话说得好："干一行爱一行，专一行精一行。"这反映的其实就是劳模精神、工匠精神。每一个工作岗位都有一群尽职尽责、默默无闻的奉献者，他们是行业的优秀代表，更是社会主义核心价值观的践行者。三亚银泰阳光度假酒店餐饮部运营经理王小丹就是这样一位在平凡的服务岗位做不平凡的事的践行者。

2011年4月，王小丹进入三亚银泰阳光度假酒店工作。从一开始因为学历不高被安排到传菜员岗位，到如今的餐饮部运营经理，她自始至终保持着刚入职时的热情，坚持宾客至上、服务第一的原则，爱岗敬业、默默奉献，竭诚为客人服务。

2016年春节黄金周的一个晚上，一家三口来到酒店吃自助餐。其间，客人无意说到他儿子是天生过敏体质，对鸡蛋、花生和多种食物过敏，所以没有准备蛋糕，说到这里，小孩儿趴在桌子上委屈地哭了。王小丹在旁和孩子聊了几句后，送了一杯他喜欢的西瓜汁。不久，她又观察到孩子的面前只有一碗白粥，全程没吃什么食物，于是她让厨房单独给小朋友准备了一碗面，煎了些牛排和猪扒，还特地做了一份不带鸡蛋的蛋糕。“谢谢你们的这份服务之心，想客人所想，帮客人所需。”餐后，一家人拉着王小丹不停地道谢：“这里的服务让我们感受到家的温暖。”“服务最重要的是要在点点滴滴中传递真诚”，王小丹说，时时处处为客人排忧解难，无微不至地给客人关怀，才能以真情感动顾客，以诚信留住顾客，建立良好的口碑。

2018年3月，一名80多岁的老人和老伴在就餐时因高血压突然发病，她马上联系大副和值班经理，拨打了120急救电话，当医生说车上需要一名家属陪同检查时，她二话不说，上车陪同老人前往医院，帮助老人办好所有检查手续、联系家属并确保老人检查没事后，她才返回酒店。

2019年春节期间新冠病毒肺炎疫情暴发后，她始终坚守在餐饮一线岗位。为做好防疫期间的服务工作，她专门成立了湖北武汉客人专人送餐小组，为客人提供一日三餐送餐服务和其他服务，连续2个月每天工作14个小时，发挥了党员先锋模范带头作用。

累累成绩是王小丹勤恳工作的最好佐证。从事酒店服务行业10年，王小丹屡获“三亚技术能手”“三亚巾帼标兵”“三亚最美旅游人”“海南省劳动模范”等荣誉称号。2020年11月，她被评为全国劳动模范。

劳动创造了中华民族，造就了中华民族的辉煌历史，也必将创造出中华民族的光明未来。长期以来，广大劳模以平凡的劳动创造了不平凡的业绩，铸就了“爱岗敬业、争创一流，艰苦奋斗、勇于创新，淡泊名利、甘于奉献”的劳模精神，丰富了民族精神和时代精神的内涵，是我们极为宝贵的精神财富。广大青年必须牢固树立“劳动最光荣、劳动最崇高、劳动最伟大、劳动最美丽”的观念，进一步焕发劳动热情、释放创造潜能，通过劳动创造更加美好的生活。

礼仪训练营

项目任务目标

1. 掌握服务行业典型工作岗位的礼仪服务标准和面试礼仪规范；
2. 养成良好的职业素养，提升礼仪服务意识和技能水平，具备与宾客礼貌沟通的能力。

一、任务场景训练

【场景设计一：酒店服务】

<table>
<tr><th colspan="2">序号</th><th>实训内容</th><th>实训要求</th><th>实训地点</th></tr>
<tr><td colspan="2">1</td><td>分组、分角色演练宾客到店登记入住服务流程</td><td>由学生分别扮演饭店行李员、前台接待人员、客房部服务人员及宾客</td><td>酒店模拟实训室</td></tr>
<tr><td colspan="2">2</td><td>分组、分角色演练中餐零点餐厅接待宾客就餐的服务流程</td><td>由学生分别扮演迎宾员、值台服务员及不同年龄和性格特点的宾客</td><td>酒店模拟实训室</td></tr>
<tr><td rowspan="4">3</td><td rowspan="4">酒店各部门出现特殊情况的处理模拟演练</td><td>情境一：就餐顾客投诉餐厅的菜品中有头发</td><td rowspan="4">由学生分角色扮演酒店工作人员和宾客</td><td rowspan="4">酒店模拟实训室</td></tr>
<tr><td>情境二：大厅中有疑似醉酒的宾客到处乱逛</td></tr>
<tr><td>情境三：有来酒店参加婚宴的宾客请求前台工作人员帮助她寻找在酒店中走丢的孩子</td></tr>
<tr><td>情境四：有来访者到前台询问刘林先生住哪个房间，并要求去房间找刘先生</td></tr>
</table>

【场景设计二：旅行社服务】

<table>
<tr><th colspan="2">序号</th><th>实训内容</th><th>实训要求</th><th>实训地点</th></tr>
<tr><td colspan="2">1</td><td>接待来旅行社咨询云南旅游相关问题的两位老年宾客</td><td>由学生分别扮演旅行社工作人员及宾客</td><td>模拟旅行社</td></tr>
<tr><td colspan="2">2</td><td>进行校园模拟导游</td><td>由学生分别扮演导游和游客</td><td>校园中</td></tr>
<tr><td rowspan="2">3</td><td rowspan="2">旅游活动中出现特殊情况的处理模拟演练</td><td>情境一：有宾客向导游抱怨酒店房间不卫生，要求更换酒店</td><td>由学生扮演导游、酒店工作人员，教师扮演宾客</td><td>酒店模拟实训室</td></tr>
<tr><td>情境二：原定旅游景点因不可抗力不能游玩，由导游和宾客协商更改旅游线路</td><td>由学生扮演导游，教师扮演宾客</td><td>模拟旅行社</td></tr>
</table>

【场景设计三：求职】

序号	实训内容	实训要求	评价方式
1	求职信的撰写和求职简历的制作	每位同学制作自己的求职资料	学生投票互评，评选出十佳求职信
2	模拟面试	分组进行模拟面试，全程录像	根据学生模拟面试时的表现确定被聘用者，并颁发聘书
3	面试着装评价	对学生模拟面试时的着装进行评价	教师点评，学生互评

实施指导

1. 通过演练，让学生掌握典型工作岗位的正常服务流程和求职面试的流程。

2. 通过情景设计，让学生学会礼貌地解决工作和面试中可能出现的突发状况。

3. 通过教师直接参与表演与事后点评，让学生对所学知识有更深的理解。

二、综合测评

案例分析

1. 山川饭店客房部员工小李，推着清洁车来到1525房间门口，她既未敲门，又没按门铃，拿起钥匙就开门径直走入房间。不料房内男客人穿着内裤，正在床上休息，客人回避不及，恼怒之下拿起电话向客房部投诉。客房部经理立即向这位客人赔礼道歉，事后解除了同这名客房服务员的劳动合同。

请问，小李的做法有何不对，应该怎么做？

2. 一天，有位斯里兰卡客人来到南京某饭店下榻。前厅部工作人员为其办理住店手续。由于确认客人身份、核对证件耽搁了一些时间，客人有些不耐烦。于是工作人员便用中文向与斯里兰卡客人同来的中国陪同进行解释。言语中他随口以“老外”二字称呼客人。可巧，这位陪同正是斯里兰卡客人的妻子。结果引起客人极大的不满。事后，工作人员虽然向客人表示了歉意，但客人仍表示不予谅解，给酒店声誉带来了消极的影响。

请谈谈，前厅工作人员做的是否正确？从这个案例中，你学到了什么？

知识检测

判断题

1. 正式场合最基本的坐姿是双腿垂直式，给人以诚恳、认真的印象。（　　）

2. 面试时可以大量使用手势表达情感。（　　）

3. 面试时男士的指甲不宜留长，一般不超过1毫米。（　　）

4. 面试时注视对方双眼为底线、唇心为顶点的倒三角区域，会令人感到舒服、有礼貌。（　　）

5. 客房服务人员不需要和客人交谈。（　　）

6. 前台工作人员对于需要等候办理登记入住的宾客要礼貌致歉。（　　）

7. 一般情况下，女士面试时更适合后背式站姿，而男士更适合前曲式。（　　）

8. 进入面试场所后要第一时间入座。（　　）

9. 面试时回答面试官问题要快速。（　　）

10. 女士在职业工作场合一般不留披肩发，长发可以盘发髻或束起来。（　　）

11. 夏天面试时男士应该穿短袖衬衫，打领带。（　　）

12. 面试时面部化妆的基本要求就是自然、协调、不露痕迹。（　　）

13. 女士穿裙装时，入座后应整理一下自己的衣裙，使之平展得体。（　　）

14. 在公司、企业上班的女士上班时穿灰色或藏青色西装套裙，会显得比较有权威感。（　　）

15. 旅游工作者佩戴首饰的基本要求是同质、同色。（　　）

技能考核

1. 分小组进行酒店或旅行社服务场景的情景剧表演。表演时间为 5 分钟，情节合理，服务规范。表演结束后按下列表格中的内容进行评价。

内容		评价	
学习目标	评价内容	小组评价	教师评价
知识点掌握情况			
项目完成能力			
通用能力			

2. 作为旅游行业从业者，要和各种旅游者打交道，了解他们的需求才能以礼相待，请通过小组讨论的方式填写下列表格，看一看服务对象会有哪种心理需求。

需求	适用人群
举行家宴的客人	
身体不好的客人	
向朋友宣传酒店的客人	
穿着时髦的客人	
举办婚宴的客人	
少数民族着装的客人	
旅游度假的客人	
海外考察团、参加会议的客人	
损坏酒店物品的客人	
尴尬的客人	
自报公司及职务的客人	
提意见和建议的客人	

续表

需求	适用人群
商界名流、明星等身份特殊的客人	
年老的顾客	
手持鲜花和蛋糕的客人	

三、21 天礼仪习惯养成训练

岗位礼仪 21 天习惯养成打卡

（一）承诺书

执行人承诺书

礼由心生，外化于形。我承诺将在今后的 21 天里坚持习惯养成打卡，心向美好，律己敬人，努力成为更好的自己。

承诺人：

镜子伙伴承诺书

我承诺在今后的 21 天里与__________成为镜子伙伴，彼此监督，彼此促进，心向美好，律己敬人，努力成为更好的自己。

镜子伙伴：

（二）21 天打卡

打卡任务内容：结合专业，从仪容、仪表、仪态、语言、人际沟通等方面打造自己的职业形象。

打卡任务方式：以小组为单位，通过设置不同角色场景，录制短视频，推送到班级的微信群、QQ 群等进行分享。

打卡开始时间：

打卡结束时间：

时间	日常	补卡	时间	日常	补卡	时间	日常	补卡
第 1 天			第 8 天			第 15 天		
第 2 天			第 9 天			第 16 天		
第 3 天			第 10 天			第 17 天		
第 4 天			第 11 天			第 18 天		
第 5 天			第 12 天			第 19 天		
第 6 天			第 13 天			第 20 天		
第 7 天			第 14 天			第 21 天		

（“日常”用太阳图示标记；“补卡”用笑脸图示标记。）

（三）感受与反思

____

____

____

____

（四）行动后的评价（满分 10 分）

自我评价：（　　）分。

表现很棒的方面______________________________

有待提升的方面______________________________

镜子伙伴评价：（　　）分。

表现很棒的方面______________________________

有待提升的方面______________________________

智能模型交互实践与知识拓展

智能模型

1. 豆包，链接：https://doubao.com

2. 携程旅游服务、BOSS 直聘求职大模型，链接：可在携程 App、BOSS 直聘 App 或官网使用

应用场景

模块一　旅游服务礼仪

智能模型提供导游、酒店服务人员等旅游相关职业的服务礼仪规范和案例，生成游客旅游过程中应遵守的礼仪指南，分析旅游服务中的礼仪投诉案例及解决方法。

模块二　求职礼仪

借助智能模型生成求职面试中的着装、沟通、行为等方面的礼仪要点和示例，提供简历制作、面试流程等环节的礼仪规范，模拟求职礼仪场景，提升学生求职礼仪素养。

使用方式

学生输入“在旅游服务中，如何处理游客的特殊需求和投诉”“求职面试时的礼仪要点有哪些”等问题，智能模型针对旅游服务礼仪和求职礼仪，帮助学生模拟演练、分析问题，提供礼仪规范和应对策略。

参考文献

［1］金正昆. 礼仪金说：社交礼仪［M］. 北京：北京联合出版公司，2015.

［2］李凌婧，冯芳，张艳辉. 职场形象设计与礼仪［M］. 北京：人民邮电出版社，2018.

［3］张文. 每天一堂礼仪训练课［M］. 北京：中国纺织出版社，2020.

［4］赵亚琼，秦艳梅 . 职业形象与礼仪［M］. 北京：北京理工大学出版社，2018.

［5］张岩松. 大学生形象设计［M］. 北京：清华大学出版社，2020.

［6］靳婷. 社交礼仪［M］. 北京：北京大学出版社，2020.

［7］林友华. 社交礼仪［M］. 5 版. 北京：高等教育出版社，2019.

［8］魏风云. 公务礼仪与形象塑造［M］. 济南：山东大学出版社 2019.

［9］白洁. 礼仪与形象［M］. 北京：化学工业出版社，2018.

［10］鄢向荣. 国际邮轮服务礼仪［M］. 北京：清华大学出版社，2013.